U0594276

城市道路与交通规划设计研究

张梅英 郭启芹 胡 倩 著

吉林科学技术出版社

图书在版编目（CIP）数据

城市道路与交通规划设计研究 / 张梅英，郭启芹，
胡倩著． -- 长春：吉林科学技术出版社，2024. 5.
ISBN 978-7-5744-1383-2

Ⅰ．TU984.191·

中国国家版本馆 CIP 数据核字第 2024KH5000 号

CHENGSHI DAOLU YU JIAOTONG GUIHUA SHEJI YANJIU

城市道路与交通规划设计研究

著　　者	张梅英　郭启芹　胡　倩
出 版 人	宛　霞
责任编辑	鲁　梦
封面设计	树人教育
制　　版	树人教育
幅面尺寸	185mm×260mm
开　　本	16
字　　数	300 千字
印　　张	13.75
印　　数	1~1500 册
版　　次	2024 年 5 月第 1 版
印　　次	2024 年 12 月第 1 次印刷
出　　版	吉林科学技术出版社
发　　行	吉林科学技术出版社
地　　址	长春市南关区福祉大路 5788 号出版大厦 A 座
邮　　编	130118

发行部电话／传真　0431-81629529　　　81629530　　　81629531
　　　　　　　　　　81629532　　　81629533　　　81629534

储运部电话　0431-86059116

编辑部电话　0431-81629520

印　　刷	三河市嵩川印刷有限公司
书　　号	ISBN 978-7-5744-1383-2
定　　价	80.00 元

前　言

　　在全球化与城市化进程不断加速的当下，城市道路与交通规划设计成为影响城市发展的关键因素。随着人口的增长、经济的发展以及科技的进步，城市道路交通面临着前所未有的挑战，如何合理规划与设计城市道路与交通系统，才能满足人们日益增长的交通需求，提高交通效率，保障交通安全，促进城市的可持续发展，成为我们亟待解决的重要课题。

　　城市道路与交通规划设计不仅是土木工程或交通工程的专业问题，它更是涉及城市规划、环境保护以及社会经济等多方面的综合性问题。一个优秀的城市道路与交通规划设计方案，必须能够充分考虑到城市的整体布局、功能分区、人口分布、产业分布等因素，同时也需要兼顾环境保护、能源消耗、交通拥堵、交通安全等现实问题。

　　因此，深入研究和探讨城市道路与交通规划设计的新理念、新方法、新技术具有十分重要的现实意义和深远的历史意义。我们需要借鉴国内外的先进经验，结合我国的实际情况，不断创新和完善城市道路与交通规划设计的理论体系和实践方法。

　　本书正是基于这样的背景和需求而编写的。我们希望通过本书的撰写，可以为城市道路与交通规划设计领域的从业人员、研究人员和决策者提供一本具有参考价值和指导意义的著作。在本书中，我们将系统梳理城市道路与交通规划设计的基本理论、原则和方法，深入分析当前城市道路交通面临的主要问题和挑战，探讨未来城市道路与交通规划设计的发展趋势和方向，同时结合具体的案例和实践，提出一系列具有可操作性的解决方案和策略。

目　录

第一章　城市道路与交通规划概述 ·································· 1

　　第一节　城市道路与交通规划的基本概念 ······················ 1

　　第二节　城市道路与交通规划的发展历程 ······················ 6

　　第三节　城市道路与交通规划的主要内容和要素 ················ 10

　　第四节　城市道路与交通规划和城市发展的关系 ················ 15

第二章　自然资源工程研究 ····································· 21

　　第一节　自然资源工程的定义与范畴 ·························· 21

　　第二节　土地利用规划与管理 ······························· 27

　　第三节　水资源工程规划与保护 ····························· 33

　　第四节　生态环境保护与恢复 ······························· 39

第三章　建筑工程施工研究 ····································· 45

　　第一节　建筑工程施工的基本流程 ··························· 45

　　第二节　施工管理与协调 ··································· 51

　　第三节　施工安全与风险管理 ······························· 57

　　第四节　现代施工技术与装备 ······························· 63

　　第五节　施工创新与可持续发展 ····························· 69

第四章　建筑工程质量检测 ····································· 74

　　第一节　建筑工程质量检测的背景与重要性 ··················· 74

　　第二节　建筑工程质量检测的方法与技术 ····················· 79

　　第三节　施工过程中的质量监控 ····························· 87

　　第四节　质量检测的标准与规范 ····························· 93

第五章　市政道路交通规划与设计 ······························ 100

　　第一节　市政道路交通规划的基本原则 ······················ 100

第二节　市政道路交通基础设施规划与建设 ································· 105

第三节　新技术在市政道路交通工程中的应用 ··························· 110

第六章　道路网络规划与设计 ··· 117

第一节　道路规划的基本原则 ··· 117

第二节　道路网络设计的要素与方法 ······································· 123

第三节　道路等级与分类 ··· 129

第四节　道路纵断面与横断面设计 ·· 133

第五节　道路交叉口设计 ··· 139

第六节　道路环路与立交设计 ··· 145

第七章　城市交通安全规划 ··· 150

第一节　交通安全规划的基本理念 ·· 150

第二节　道路安全设施与标志设计 ·· 156

第三节　交叉口与路段的安全改善 ·· 159

第四节　交通安全管理与监测 ··· 163

第八章　城市交通环境与噪声控制 ·· 167

第一节　城市交通对环境的影响 ·· 167

第二节　空气质量与交通排放 ··· 172

第三节　城市噪声的来源与影响 ·· 178

第四节　交通噪声控制策略 ·· 184

第九章　智慧城市与交通信息化 ··· 190

第一节　智慧城市的概念与特征 ·· 190

第二节　人工智能在交通规划中的应用 ···································· 196

第三节　互联网与交通系统的融合 ·· 202

第四节　智慧出行与城市管理 ··· 208

参考文献 ··· 214

第一章 城市道路与交通规划概述

第一节 城市道路与交通规划的基本概念

一、城市道路与交通规划的定义

城市道路与交通规划是城市规划的重要组成部分，它涉及城市空间布局、交通设施配置、交通流量预测以及交通管理等多个方面。随着城市化进程的加速和汽车保有量的增加，城市道路与交通规划的重要性日益凸显。

（一）城市道路与交通规划的定义

城市道路与交通规划是指对城市道路网络和交通系统进行科学规划和合理布局的过程。它旨在通过优化道路网络结构、提升交通设施水平、改善交通运行环境来实现城市交通的高效、安全、便捷和可持续发展。城市道路与交通规划涉及多个学科领域，包括城市规划、交通工程、地理学、经济学等，是一个综合性的规划过程。

（二）城市道路与交通规划的主要内容

道路网络规划：根据城市空间布局和发展需求，合理规划城市道路网络的层次、结构和布局。这包括主干道、次干道、支路等各级道路的规划，以及道路之间的衔接和转换关系。

交通设施规划：包括停车场、公交站、交通枢纽等交通设施的布局和规模确定。这些设施的配置应满足城市交通需求，提高交通运行效率，同时还要考虑与周边环境的协调。

交通流量预测：通过对城市经济、人口、土地利用等因素的分析，预测未来城市交通流量的变化趋势。这有助于制定合理的交通规划方案，以应对未来的交通压力。

交通管理与控制规划：包括交通信号控制、交通组织、交通安全管理等方面的规划。通过优化交通管理措施，提高道路通行能力，减少交通拥堵和事故发生率。

（三）城市道路与交通规划的方法与技术

数据收集与分析：通过收集城市交通流量、土地利用和人口分布等数据，运用统计分析、空间分析等方法，揭示城市交通发展的规律和特点。

交通模型构建：运用交通工程学原理来构建城市交通模型，模拟交通运行状况，预测交通发展趋势。这不仅有助于评估不同规划方案的效果，还能为决策提供可靠依据。

公众参与与咨询：城市道路与交通规划涉及广大市民的切身利益，因此应充分征求公众意见，加强与市民的沟通与互动。通过问卷调查、座谈会等方式，了解市民的交通需求和期望，提高规划的针对性和可操作性。

多学科协同：城市道路与交通规划是一个综合性的规划过程，需要多学科知识的支撑。因此，应加强与城市规划、交通工程、地理学、经济学等相关学科的交流与合作，共同推动规划工作的深入开展。

（四）城市道路与交通规划面临的挑战与应对策略

挑战：随着城市化进程的加速，城市道路交通面临着日益严峻的挑战。交通拥堵、空气污染、交通安全等问题日益突出，这些问题均给城市道路与交通规划带来了巨大的压力。同时，城市空间资源的有限性也制约了道路网络的拓展和优化。

应对策略：首先，应坚持绿色交通理念，优先发展公共交通、步行和自行车等低碳出行方式，减少私家车出行比例。其次，加强交通基础设施建设，提高道路通行能力和服务水平。再次，注重交通管理与控制技术的创新与应用，提高交通运行效率。最后，还应加强城市规划与交通规划的衔接与协调，实现城市空间与交通资源的优化配置。

城市道路与交通规划是城市规划的重要组成部分，对于实现城市交通的高效、安全、便捷和可持续发展具有重要意义。本文阐述了城市道路与交通规划的定义、内容、方法与技术，以及面临的挑战与应对策略。然而，随着城市发展的不断变化和交通需求的日益多样化，城市道路与交通规划仍需要不断探索和创新。未来，应进一步加强多学科协同研究，深化对城市交通发展规律的认识；加强技术创新和应用，提高规划工作的科学性和精准性；加强公众参与和社会监督，提高规划工作的民主性和透明度。同时，还应注重与国际先进经验的交流与借鉴，以推动城市道路与交通规划事业的持续发展。

总之，城市道路与交通规划是一个复杂而重要的领域，需要政府、学术界和社会各界的共同努力和协作。通过不断探索和创新，我们有信心应对未来城市交通面临的挑战，为城市居民创造更加便捷、舒适和安全的出行环境。

由于篇幅限制，本文未能详尽阐述城市道路与交通规划的每一个细节，但已尽量涵盖了其主要内容和关键方面。希望本文能为读者提供一个全面而深入地了解城市道路与交通规划的基础框架，为后续的研究和实践提供有益的参考。

二、城市道路与交通规划的目标和意义

城市道路与交通规划作为城市发展的重要组成部分，承载着引导城市空间布局、优化交通结构、提升交通效率等多重任务。其目标和意义不仅体现在促进城市交通的顺畅运行方面，更体现于推动城市的可持续发展，以及提升居民的生活质量。本文将从多个维度深入剖析城市道路与交通规划的目标和意义。

（一）城市道路与交通规划的目标

1. 构建高效便捷的交通网络

城市道路与交通规划的首要目标是构建高效便捷的交通网络。这包括合理规划道路网络布局，优化交通设施配置，确保各类交通方式之间的顺畅衔接。通过科学的交通组织和管理，才能减少交通拥堵和"瓶颈"现象，提高交通运行效率，为市民提供快速、便捷的出行服务。

2. 促进城市可持续发展

城市道路与交通规划致力于促进城市的可持续发展。通过优化交通结构来推动公共交通、步行、自行车等绿色出行方式的发展，减少私家车的出行比例，降低交通对环境的污染。同时，注重交通设施与周边环境的融合，提升城市整体形象和品质，为城市的可持续发展奠定坚实基础。

3. 提升居民生活质量

城市道路与交通规划的最终目标是提升居民的生活质量。通过改善交通环境，减少交通噪音和尾气排放，提高居民的生活舒适度。同时，优化交通出行方式，降低出行成本和时间，使居民能够更加便捷地享受城市生活。此外，通过完善交通设施，提高交通安全性，以及保障居民的生命财产安全。

（二）城市道路与交通规划的意义

1. 引领城市空间布局优化

城市道路与交通规划是城市空间布局优化的重要引领。通过合理规划道路网络和交通设施，引导城市空间的有序拓展和合理布局。这有助于避免城市无序蔓延和交通拥堵现象，从而提高城市的整体运行效率。同时，交通规划还能够促进城市各功能区的协调发展，推动城市经济、社会、环境的全面进步。

2. 促进城市交通结构的合理化

城市道路与交通规划有助于促进城市交通结构的合理化。通过发展公共交通、步

行、自行车等绿色出行方式，减少私家车出行比例，降低交通对环境的压力。这有助于改善城市交通状况，提高交通运行效率，减少交通拥堵和污染现象。同时，合理的交通结构还能够提升城市的交通承载力，为城市的未来发展提供有力支撑。

3.提升城市形象与竞争力

城市道路与交通规划对于提升城市形象与竞争力具有重要意义。通过完善交通设施、优化交通环境、提升交通服务水平，可以提高城市的整体形象和品质。这有助于吸引更多的投资和人才，可以更好地推动城市的经济发展和社会进步。同时，良好的交通环境还能够提升市民的归属感和自豪感，增强城市的凝聚力和向心力。

4.增进社会公平与和谐

城市道路与交通规划对于增进社会公平与和谐也具有积极作用。通过优化交通资源配置，确保不同区域、不同群体都能够享受到公平、便捷的交通服务。这有助于缩小城乡差距、促进社会公平，增强社会的稳定性和和谐性。同时，通过加强交通安全管理、提高交通设施的安全性能，可以保障市民的生命财产安全，以及维护社会的安定和秩序。

城市道路与交通规划的目标和意义在于构建高效便捷的交通网络、促进城市可持续发展、提升居民生活质量，以及引领城市空间布局优化等方面。通过科学的规划和设计，我们可以实现城市交通的顺畅运行和城市的可持续发展，为居民创造更加便捷、舒适和安全的出行环境。

然而，我们也应该认识到，城市道路与交通规划是一个复杂而系统的工程，所以需要政府、学术界和社会各界的共同努力和协作。未来，随着城市化进程的加速和交通需求的不断增长，我们需要进一步加强城市道路与交通规划的研究和实践，不断创新规划理念和方法，以适应城市发展的新需求和新挑战。

同时，我们还应注重与国际先进经验的交流与借鉴，学习借鉴其他国家和地区在城市道路与交通规划方面的成功经验和技术手段，以推动我国城市道路与交通规划事业的持续发展。

综上所述，城市道路与交通规划的目标和意义重大而深远。我们应该充分认识到其重要性和紧迫性，加强研究和实践，为推动城市的可持续发展和居民生活质量的提升做出积极贡献。

三、城市道路与交通规划的基本框架

城市道路与交通规划是城市规划体系中的重要组成部分，其目标在于构建高效、安全、环保以及可持续的城市交通系统，以适应城市经济社会发展的需求。为实现这一目标，需要构建一个科学、合理、可操作的基本框架来指导规划的编制和实施。本文将详细阐述城市道路与交通规划的基本框架，包括规划原则、规划层次、规划内容、规划方法和技术手段等方面。

（一）规划原则

城市道路与交通规划应遵循以下原则：

可持续发展原则：坚持经济效益、社会效益和环境效益相统一，才能推动城市交通与城市经济、社会、环境的协调发展。

以人为本原则：以满足人的出行需求为出发点，提高交通服务的便捷性、舒适性和安全性。

系统性原则：将城市交通作为一个整体系统进行规划，必须注重各交通方式之间的协调与衔接。

灵活性原则：适应城市发展的不确定性和多变性，应保持规划的弹性和灵活性。

（二）规划层次

城市道路与交通规划可分为三个层次：战略规划、详细规划和实施规划。

战略规划：主要确定城市交通发展的总体目标和方向，包括交通模式选择、交通设施布局、交通政策制定等。战略规划是城市交通发展的纲领性文件，必须具有全局性和指导性。

详细规划：在战略规划的指导下，对城市道路网络、交通设施以及交通组织等进行详细设计。详细规划应注重与周边环境的协调，确保交通设施的功能性和美观性。

实施规划：将详细规划转化为具体的实施项目，包括项目选址、建设时序、投资估算等。实施规划应具有可操作性和可实施性，确保规划的有效落地。

（三）规划内容

城市道路与交通规划的内容涵盖了多个方面，主要包括以下几种：

道路网络规划：确定城市道路网络的层次、结构和布局，包括主干道、次干道、支路等各级道路的规划。

交通设施规划：包括公交站、停车场、交通枢纽等交通设施的布局和规模确定，以满足城市交通需求。

交通组织规划：通过合理的交通组织和管理措施，优化交通流线，提高道路通行能力，减少交通拥堵。

公共交通规划：发展公共交通系统，提高公共交通的覆盖率和服务质量，引导市民选择绿色出行方式。

非机动车与步行规划：关注非机动车和步行交通的需求，规划合理的非机动车道和步行道，提升城市慢行交通环境。

交通需求管理规划：通过政策、经济等手段，调节交通需求，实现交通供需平衡。

（四）规划方法和技术手段

城市道路与交通规划需要运用科学的方法和先进的技术手段，以确保规划的科学性和合理性。

数据收集与分析：通过收集城市交通流量、土地利用以及人口分布等数据，运用统计分析、空间分析等方法，揭示城市交通发展的规律和特点。

交通模型构建：运用交通工程学原理，构建城市交通模型，模拟交通运行状况，预测交通发展趋势。这有助于评估不同规划方案的效果，为决策提供依据。

地理信息系统应用：借助地理信息系统（GIS）技术，实现空间数据的集成、分析和可视化，提高规划工作的效率和精度。

公众参与与咨询：通过问卷调查、座谈会等方式，广泛征求市民意见，了解市民的真正所需交通需求和期望，提高规划的针对性和可操作性。

跨部门协作与整合：加强与其他相关部门的沟通与协作，实现规划资源的共享和优势互补，推动规划工作的顺利开展。

城市道路与交通规划的基本框架为规划工作提供了清晰的思路和指导。在实际应用中，应根据城市的实际情况和发展需求，灵活运用规划原则、规划层次、规划内容和方法技术手段，确保规划的科学性、合理性以及可操作性。

未来，随着城市交通需求的不断变化和技术手段的不断创新，城市道路与交通规划的基本框架也需要不断完善和优化。我们应密切关注城市交通发展的新趋势和新问题，加强研究和实践，才能够推动城市道路与交通规划事业的持续发展。

同时，我们还应注重与国际先进经验的交流与借鉴，学习借鉴其他国家和地区在城市道路与交通规划方面的成功经验和技术手段，提升我国城市道路与交通规划的水平和质量。

综上所述，城市道路与交通规划的基本框架是确保城市交通系统高效、安全、环保、可持续发展的重要保障。我们应不断完善和优化这一框架，以适应城市发展的需求和挑战，为市民创造更加便捷、舒适和安全的出行环境。

第二节　城市道路与交通规划的发展历程

一、城市道路与交通规划理念的演变

城市道路与交通规划作为城市发展的重要组成部分，其理念的演变反映了不同历史时期城市发展需求、技术进步和社会认知的变化。本文将从历史的角度，探讨城市道路与交通规划理念的演变过程，并分析其背后的原因和影响。

（一）早期城市道路与交通规划理念

早期的城市道路与交通规划主要关注道路的建设和交通的通行能力。在这一阶段，规划者主要依据城市的地理布局、人口分布和经济发展状况来设计道路网络，以满足人们基本的交通需求。此时的规划理念相对简单，一般更注重实用性和功能性，较少考虑环境、社会和文化因素。

（二）交通导向型规划理念的兴起

随着城市化的加速和汽车工业的快速发展，交通问题逐渐成为制约城市发展的重要因素。在这一背景下，交通导向型规划理念逐渐兴起。该理念强调以交通为先导，通过优化交通设施布局以及提高交通运行效率来引导城市空间的发展。这一理念的出现，反映了人们对城市交通问题的重视，也体现了规划者对于交通与城市发展关系的深刻认识。

（三）可持续发展理念的融入

随着环境问题的日益突出和可持续发展理念的普及，城市道路与交通规划开始注重环境保护和可持续发展。规划者开始关注交通排放、噪声污染等问题，并尝试通过绿色交通方式、低碳出行等手段来减少交通对环境的影响。同时，规划者也开始注重城市交通与城市经济、社会、文化的协调发展，追求城市的整体可持续发展。

（四）人性化规划理念的提出

随着人们对生活质量要求的提高和城市规划理念的进步，人性化规划理念逐渐受到重视。这一理念强调城市道路与交通规划应以人为本，应更加关注人的出行需求、心理感受和行为习惯。规划者开始注重交通设施的便捷性、舒适性和安全性，提高交通服务水平。同时，规划者也开始关注城市交通对居民生活的影响，努力创造宜居、宜行的城市环境。

（五）智能化规划理念的探索

随着信息技术的快速发展和智能化时代的到来，城市道路与交通规划开始探索智能化规划理念。该理念强调利用大数据、云计算、物联网等先进技术，以实现城市交通的智能化管理和服务。通过智能交通系统、智能停车设施等手段，提高交通运行效率和管理水平，降低交通拥堵和事故发生率。智能化规划理念的提出，为城市道路与交通规划提供了新的发展方向和思路。

（六）绿色交通规划理念的推广

面对全球气候变化和生态环境恶化的挑战，绿色交通规划理念逐渐成为城市道路与交通规划的重要方向。该理念强调发展低碳、环保以及可持续的交通方式，如公共交通、步行、自行车等，应尽量减少私家车出行比例，降低交通对环境的污染。同时，规划者也开始注重城市交通与生态环境的融合，通过建设绿道、公园等绿色空间，来提升城市的生态环境质量。

城市道路与交通规划理念的演变反映了不同历史时期城市发展需求和技术进步的变化。从早期的实用主义到交通导向型规划，再到现在的可持续发展、人性化、智能化和绿色交通规划理念，每一次理念的演变都推动了城市道路与交通规划的进步和发展。

随着城市交通需求的不断增长和技术手段的不断创新，城市道路与交通规划理念将继续演变和完善。我们应关注全球交通发展的新趋势和新问题，加强研究和实践，推动城市道路与交通规划理念的持续创新和发展。同时，我们还应注重跨学科的合作与交流，借鉴其他领域的先进经验和技术手段，为城市道路与交通规划的发展注入新的活力和动力。

综上所述，城市道路与交通规划理念的演变是一个不断适应城市发展需求和技术进步的过程。我们应深入理解和把握这些理念的内涵和要求，将其应用于实际规划工作中，为构建高效、安全、环保、可持续的城市交通系统做出积极贡献。

二、城市道路与交通规划技术方法的进步

城市道路与交通规划作为城市发展的重要组成部分，其技术方法的进步对于提升规划的科学性、合理性和可操作性具有重要意义。随着科技的进步和规划理念的创新，城市道路与交通规划技术方法不断得到完善和发展。本文将从多个方面探讨城市道路与交通规划技术方法的进步。

（一）数据收集与处理技术的提升

在道路与交通规划过程中，数据收集与处理是规划工作的基础。随着遥感技术、地理信息系统（GIS）和大数据技术的快速发展，数据收集与处理技术的提升为规划工作提供了更为丰富、准确的数据支持。遥感技术可以快速获取城市地理空间信息，为道路网络布局和交通设施选址提供重要依据；GIS 技术可以实现空间数据的集成、分析和可视化，有效提高了规划工作的效率和精度；大数据技术则可以实现对海量交通数据的挖掘和分析，揭示交通运行的规律和特点，为规划决策提供有力支持。

（二）交通模型与仿真技术的完善

交通模型与仿真技术是城市道路与交通规划的核心技术之一。随着计算机技术的不断进步，交通模型与仿真技术得到了不断完善和发展。现代交通模型可以更加准确

地模拟交通运行状况，预测交通发展趋势，评估不同规划方案的效果。同时，仿真技术也可以实现对交通流、交通设施、交通组织等方面的模拟和测试，为规划方案的优化提供重要依据。这些技术的进步使得规划者能够更加科学地制定规划方案，从而提高规划的可操作性和实效性。

（三）智能化规划技术的应用

随着智能化时代的到来，智能化规划技术开始在城市道路与交通规划中得到应用。智能化规划技术利用人工智能、机器学习等技术手段，实现对规划数据的自动处理和分析，提高了规划工作的智能化水平。例如，通过智能交通系统实现对交通信号的智能控制，可以有效提高道路通行能力；通过智能停车系统实现对停车资源的智能管理，缓解停车难问题。这些智能化规划技术的应用，不仅提高了规划工作的效率，也为城市交通的智能化管理和服务提供了有力支持。

（四）多学科交叉融合的应用

城市道路与交通规划是一个涉及多个学科的综合性工作，需要运用多种学科的知识和方法。随着学科交叉融合的趋势加强，越来越多的学科知识和方法被引入城市道路与交通规划中来。例如，环境科学为规划提供了环保和可持续发展的理念；经济学为规划提供了成本效益分析和经济评价的方法；社会学为规划提供了对居民出行需求和行为的研究视角。这些多学科交叉融合的应用，使得规划工作更加全面、深入和细致，有效提高了规划的科学性和合理性。

（五）公众参与与决策支持系统的建立

在城市道路与交通规划过程中，公众参与和决策支持系统的建立也是技术方法进步的重要体现。通过问卷调查、座谈会等方式广泛征求市民意见，了解市民的交通需求和期望，增强规划的针对性和可操作性。同时，建立决策支持系统，为规划决策提供科学、客观的依据。决策支持系统可以集成多种规划方法和模型，以实现对规划方案的快速评估和优化，提高决策效率和质量。

（六）未来技术展望

随着科技的不断发展，未来城市道路与交通规划技术方法将继续迎来新的突破。例如，虚拟现实（VR）和增强现实（AR）技术将为规划者提供更加直观、逼真的规划场景模拟和展示；区块链技术有望应用于交通数据的安全存储和共享；自动驾驶技术的发展将深刻影响道路设计和交通组织方式等。这些新兴技术的应用将进一步提升城市道路与交通规划的科学性和前瞻性。

综上所述，城市道路与交通规划技术方法的进步是科技发展和规划理念创新的共同结果。数据收集与处理技术的提升、交通模型与仿真技术的完善、智能化规划技术的应用、多学科交叉融合的应用以及公众参与与决策支持系统的建立等方面的进步，共同推动了城市道路与交通规划工作的不断发展和完善。随着科技的不断进步和应用，城市道路与交通规划技术方法将继续迎来新的突破和创新，为构建更加高效、安全、环保以及可持续的城市交通系统提供有力支持。

第三节　城市道路与交通规划的主要内容和要素

一、交通需求分析与预测

交通需求分析与预测是城市规划、交通规划以及交通管理中的重要环节。通过对交通需求的深入研究和分析，我们可以更好地了解城市交通运行的状态和趋势，从而为交通规划和管理提供科学依据。本文将从交通需求的概念、分析方法、预测技术以及应用等方面进行详细阐述。

（一）交通需求的概念

交通需求是指在一定时间内和一定区域内，人们出行所需的交通服务量。它受到多种因素的影响，包括人口规模、经济发展水平、城市空间布局、交通设施供给等。交通需求通常表现为出行次数、出行距离以及出行时间等方面的需求。

（二）交通需求分析方法

1.四阶段法

四阶段法是交通需求分析中最为常用的方法之一，它包括出行生成、出行分布、方式划分和交通分配四个阶段。出行生成阶段主要分析各交通小区的出行产生和吸引量；出行分布阶段则研究出行起讫点之间的出行分布规律；方式划分阶段根据出行者的出行目的、时间、费用等因素，选择自己最合适的交通方式；交通分配阶段则将各种交通方式的出行量分配到具体的交通网络上，以模拟实际交通流。

2.活动分析法

活动分析法是从人的活动出发，分析人们的出行需求。它认为人们的出行是为了满足一定的活动需求，如工作、购物、娱乐等。因此，通过分析人们的活动类型和活动频率可以推测其出行需求。

3.非集计模型法

非集计模型法是基于个体出行选择行为的研究方法。它通过建立个体出行选择行为的数学模型，分析影响出行选择的各种因素，从而预测未来的交通需求。

（三）交通需求预测技术

1. 基于历史数据的趋势外推法

这种方法主要利用历史交通数据，通过统计分析、时间序列分析等方法，找出交通需求的变化规律，并据此预测未来的交通需求。然而，这种方法对于突发事件和政策变化的适应性较差。

2. 因果分析法

因果分析法主要关注影响交通需求的各种因素，如人口增长、经济发展、城市规划等。通过分析这些因素与交通需求之间的因果关系，可以预测未来交通需求的变化趋势。这种方法需要深入了解各种因素之间的作用机制和相互影响，因此对数据和分析能力的要求较高。

3. 仿真模拟法

仿真模拟法利用交通仿真软件，模拟城市交通系统的运行过程，通过不断调整参数和方案，以预测未来的交通需求。这种方法可以模拟复杂的交通现象和多种因素的影响，因此需要大量的数据和计算资源。

（四）交通需求分析与预测的应用

1. 在城市规划中的应用

通过交通需求分析与预测，可以为城市规划提供科学依据。例如，根据预测结果调整城市空间布局、优化交通设施供给等，以满足未来交通需求的发展。

2. 在交通规划中的应用

交通规划需要充分了解现状交通需求和预测未来交通需求。通过交通需求分析与预测，为交通规划提供基础数据和决策支持，以确保规划方案的科学性和可行性。

3. 在交通管理中的应用

交通管理需要根据实时交通数据和预测数据制定管理策略。通过交通需求分析与预测，可以及时发现交通拥堵、事故等问题，从而为交通管理提供预警和应对措施。

交通需求分析与预测是城市交通规划和管理的重要组成部分。随着城市化进程的加速和交通技术的不断发展，未来的交通需求将呈现出更加复杂和多样化的特点。因此，我们需要不断探索和创新交通需求分析与预测的方法和技术，以适应未来城市交通发展的需求。同时，我们也需要加强跨学科的研究和合作，充分利用大数据和人工智能等先进技术手段，提高交通需求分析与预测的准确性和可靠性。

总之，交通需求分析与预测是一项长期而复杂的工作，需要政府、企业和社会各界的共同努力与支持。只有通过科学、系统的分析和预测，我们才能更好地应对城市交通面临的挑战和问题，为城市的可持续发展做出贡献。

二、交通设施布局规划

交通设施布局规划是城市交通规划体系中的核心环节，它涉及道路、桥梁、停车场、公交站场、轨道交通站点等各类交通设施的空间布局与配置。科学的交通设施布局规划对于提升城市交通运行效率、优化城市空间结构、促进城市可持续发展具有重要意义。本文将从交通设施布局规划的概念、原则、方法以及实践应用等方面进行详细阐述。

（一）交通设施布局规划的概念

交通设施布局规划是指在城市交通规划的指导下，根据城市空间结构、交通需求分布以及交通发展策略，确定各类交通设施的位置、规模、功能及相互关系的过程。它旨在通过合理的设施布局，以实现城市交通的高效、安全、便捷和可持续发展。

（二）交通设施布局规划的原则

1. 系统性原则

交通设施布局规划应纳入城市整体交通规划体系中，与城市空间规划、土地利用规划等相协调，确保各类设施之间的衔接与配合。

2. 需求导向原则

交通设施布局规划交通需求预测结果应予紧密结合，应以实际需求为导向，确保设施的规模、位置和功能能够满足未来交通发展的需求。

3. 可持续发展原则

交通设施布局规划应充分考虑环境保护、资源节约和社会公平等因素，以推动城市交通的绿色、低碳和可持续发展。

4. 灵活性与适应性原则

交通设施布局规划应具有一定的灵活性和适应性，以应对城市交通发展的不确定性和变化性，从而确保规划的可持续性和可操作性。

（三）交通设施布局规划的方法

1. 层次分析法

层次分析法是一种常用的交通设施布局规划方法，它通过构建层次结构模型，将复杂的规划问题分解为若干个相对简单的子问题，逐层进行分析和决策，最终得出合理的设施布局方案。

2. 网络优化法

网络优化法基于城市交通网络的特点，通过构建网络模型，运用优化算法求解设施的最优布局位置，以实现网络整体性能的提升。

3. 空间句法分析法

空间句法分析法是一种基于空间形态和拓扑结构的分析方法，它通过分析城市空间的连接性、可达性等特征，确定交通设施的最佳布局位置，以提升城市交通的便捷性和通行效率。

（四）交通设施布局规划的实践应用

1. 道路网络规划

在道路网络规划中，需要综合考虑城市空间结构、交通需求分布以及地形地貌等因素，以确定道路的等级、走向、宽度和交叉口形式等，从而构建高效、安全的道路网络体系。

.2. 公共交通设施规划

公共交通设施规划包括公交站场、轨道交通站点等的布局规划。在规划过程中，需要分析公共交通需求分布、客流特征以及与其他交通方式的衔接关系，以此确定设施的位置、规模和功能，以优化公共交通服务网络。

3. 停车设施规划

停车设施规划是城市交通设施布局规划中的重要组成部分。通过分析停车需求、停车供给现状及发展趋势，确定停车设施的布局位置、规模和类型，以满足不同区域的停车需求，缓解停车困难的问题。

交通设施布局规划是城市交通规划中的关键环节，它对于优化城市交通结构、提升城市交通效率具有重要意义。随着城市交通需求的不断增长和交通技术的不断进步，未来的交通设施布局规划无疑会面临更多的挑战和机遇。因此，我们需要不断创新规划理念和方法，加强规划实施与管理的衔接，推动交通设施布局规划的科学化、精细化和智能化发展。同时，我们还需要注重跨学科的研究和合作，充分利用大数据、人工智能等先进技术手段，提高交通设施布局规划的准确性和可靠性。

总之，交通设施布局规划是一项长期而复杂的工作，需要政府、企业和社会各界的共同努力和支持。只有通过科学的规划和有效的实施，我们才可以实现城市交通的高效、安全、便捷和可持续发展，从而为城市的繁荣和人民的福祉做出积极贡献。

三、交通管理与组织规划

交通管理与组织规划是城市交通体系中的重要组成部分，它涉及交通流的组织、交通信号的控制、交通设施的利用以及交通政策的制定等多个方面。有效的交通管理与组织规划能够提升交通运行效率，减少交通拥堵，提高交通安全水平，进而促进城市的可持续发展。本文将从交通管理与组织规划的概念、目标、方法以及实践应用等方面进行详细阐述。

（一）交通管理与组织规划的概念

交通管理与组织规划是指通过对交通资源的合理配置和有效利用，对交通流进行组织、调控和优化的过程。它旨在实现交通系统的安全、高效和有序运行，以满足人们的出行需求，同时减少交通对环境的影响。

（二）交通管理与组织规划的目标

1. 提升交通运行效率

通过优化交通组织、改善交通设施、提高交通信号控制效率等手段，减少交通拥堵，缩短出行时间，从而提升交通运行效率。

2. 保障交通安全

通过加强交通安全管理、完善交通设施、提高交通参与者的安全意识等方法，减少交通事故的发生，从而保障人们的生命财产安全。

3. 优化交通环境

通过交通管理与组织规划，以减少车辆尾气排放、噪音污染等环境问题，以改善城市交通环境，提升城市形象。

4. 促进城市可持续发展

通过科学的交通管理与组织规划，推动城市交通与城市空间规划、经济发展、环境保护等相协调，从而更好地促进城市的可持续发展。

（三）交通管理与组织规划的方法

1. 交通流组织优化

通过对交通流的分析和预测，制定合理的交通组织方案，优化交通流的分布和运行路径，减少交通冲突和拥堵现象。

2. 交通信号控制

利用先进的交通信号控制技术，对交通信号进行智能调度和优化，提高交通信号的控制效率，确保交通流的顺畅和安全。

3. 交通设施利用与管理

加强对交通设施的维护和管理，确保设施的正常运行和高效利用。同时，通过合理的设施布局和配置，提升交通设施的服务水平和使用效率。

4. 交通政策制定与实施

根据城市交通发展的需求和目标，制定科学的交通政策，包括交通拥堵收费、公交优先、绿色出行等政策，引导人们的出行行为，从而优化交通结构。

（四）交通管理与组织规划的实践应用

1. 城市交通拥堵治理

针对城市交通拥堵问题，通过交通管理与组织规划，制定合理的交通疏导方案，优化交通组织，提高交通信号控制效率，缓解交通拥堵现象。

2. 公共交通系统优化

通过交通管理与组织规划，优化公共交通线路、站点布局和车辆调度，提高公共交通的服务质量和运行效率，以吸引更多市民选择公共交通工具出行。

3. 停车管理与规划

加强停车设施的规划和管理，制定合理的停车政策，引导市民合理停车，减少乱停乱放现象，从根本上缓解停车困难问题。

4. 交通应急管理与处置

建立完善的交通应急管理和处置机制，制定应急预案和处置流程，提高应对突发事件的能力和效率，确保交通系统的安全和稳定。

交通管理与组织规划是城市交通体系中的重要环节，它对于提升交通运行效率、保障交通安全、优化交通环境以及促进城市可持续发展具有重要意义。随着城市交通需求的不断增长和交通技术的不断进步，未来的交通管理与组织规划将面临更多的挑战和机遇。因此，我们需要不断创新管理理念和方法，加强跨部门的协作和配合，推动交通管理与组织规划的科学化、精细化和智能化发展。同时，我们还需要注重公众参与和社会监督，以提高交通管理与组织规划的透明度和公信力，从而确保规划的实施效果能够真正惠及广大市民。

综上所述，交通管理与组织规划是一项长期而复杂的工作，需要政府、企业和社会各界的共同努力和支持。通过科学的规划和有效的实施，我们才能够实现城市交通的高效、安全、便捷和可持续发展，从而为城市的繁荣和人民的福祉做出积极贡献。

第四节　城市道路与交通规划和城市发展的关系

一、规划对城市发展的促进作用

城市规划作为城市建设和发展的蓝图，对于城市的可持续发展具有至关重要的促进作用。通过科学、合理的规划，可以有效引导城市的发展方向，优化城市空间布局，提升城市功能品质，推动城市经济、社会、环境的协调发展。本文将从多个方面详细阐述规划对城市发展的促进作用。

（一）引导城市发展方向

城市规划作为城市发展的指导性文件，通过明确城市的发展定位、目标和发展战略，为城市的发展方向提供了清晰的指引。在城市规划过程中，会充分考虑城市的自然资源、环境条件、历史文化等因素，结合城市的经济社会发展需求，制定出符合城市实际的发展路径。这种引导性的规划，有助于避免城市发展的盲目性和无序性，确保城市能够朝着科学、合理的方向前进。

（二）优化城市空间布局

城市规划通过合理安排城市各类用地，优化城市空间布局，实现土地资源的高效利用。在规划过程中，应根据城市的功能定位和发展需求，将城市划分为不同的功能区域，如居住区、商业区、工业区、生态区等，并确定各区域的用地规模和比例。这种布局方式有助于避免城市功能的混乱和交叉，有利于提高城市的空间利用效率，同时也有利于提升城市的环境质量和居民的生活质量。

（三）提升城市功能品质

城市规划注重提升城市的功能品质，通过完善城市基础设施、公共服务设施和文化设施等，才能增强城市的综合承载能力。在规划过程中，需要充分考虑市民的出行、教育、医疗、文化等需求，合理布局交通网络、教育医疗设施和文化活动场所等。这些设施的完善，不仅方便了市民的生活，也提升了城市的吸引力和竞争力，为城市的可持续发展提供了有力支撑。

（四）推动城市经济发展

城市规划通过优化产业布局、促进产业升级和创新发展，推动城市经济的持续增长。在规划过程中，要结合城市的产业基础和资源优势，确定主导产业和支柱产业，并引导企业向园区集聚，形成产业集群效应。同时，规划还要注重培育新兴产业和推动传统产业转型升级，提高城市的产业竞争力和创新能力。这些措施都有助于推动城市经济的持续健康发展，为城市的长远发展奠定坚实基础。

（五）促进社会和谐稳定

城市规划通过关注民生问题、保障社会公平和公正，促进社会和谐稳定。在规划过程中，应充分考虑弱势群体的利益和需求，通过建设保障性住房、完善公共服务设施等方式，保障他们的基本生活需求。同时，规划还应注重平衡各方利益，避免因规划实施而引发的社会矛盾和冲突。这种以人为本的规划理念，有助于增强市民对城市规划的认同感和支持度，从而促进社会的和谐稳定。

（六）保护生态环境和历史文化

城市规划注重生态环境的保护和历史文化的传承。在规划过程中，会充分考虑城市生态环境的承载能力和保护要求，合理规划绿地、水系等生态空间，保护城市的自然风貌和生态环境。同时，规划还应注重挖掘和保护城市的历史文化资源，通过建设博物馆、文化街区等方式，传承和弘扬城市的历史文化。这些措施有助于提升城市的文化内涵和生态品质，从而增强城市的魅力和吸引力。

（七）促进区域协调发展

城市规划作为区域发展的重要组成部分，可通过加强与其他城市的合作与交流，以促进区域协调发展。在规划过程中，会充分考虑城市在区域中的地位和作用，加强与周边城市的联系和互动，实现资源共享和优势互补。同时，规划还应注重推动跨区域的交通、产业、文化等领域的合作，促进区域经济的整体提升和协调发展。

综上所述，规划对城市发展的促进作用是多方面的。通过科学、合理的规划，可以有效引导城市的发展方向，优化城市空间布局，提升城市功能品质，推动城市经济、社会、环境的协调发展。因此，在城市发展过程中，应高度重视规划的作用，加强规划的制定和实施，确保规划能够真正落地生根，从而为城市的可持续发展提供有力保障。同时，随着时代的进步和城市发展的不断变化，城市规划也需要不断创新和完善，才能适应新的发展需求和挑战。

二、城市发展对规划的影响与要求

城市发展是一个复杂而动态的过程，涉及经济、社会、文化、环境等多个方面。随着城市规模的不断扩大、人口数量的增长以及产业结构的调整，城市发展对规划提出了更高的要求和挑战。规划作为指导城市发展的蓝图和纲领，必须不断适应和应对这些变化，以确保城市的可持续发展。本文将从城市发展对规划的影响和要求两个方面进行详细阐述。

（一）城市发展对规划的影响

1. 城市规模与人口变化的影响

随着城市化进程的加速，城市规模不断扩大，人口数量持续增长，这种变化对规划提出了更高的要求。一方面，规划需要更加精准地预测城市未来的发展方向和规模，以确保城市的合理布局和资源的有效利用。另一方面，规划还需要充分考虑人口增长带来的交通、住房、教育、医疗等基础设施和公共服务设施的需求，以确保市民的生活质量。

2. 产业结构调整的影响

城市产业结构的调整也是影响规划的重要因素。随着经济的发展和技术的进步，传统产业逐渐衰退，新兴产业不断涌现。这种变化要求规划必须紧密结合产业发展趋势，优化产业布局，促进产业的集聚和升级。同时，规划还需要关注产业转型带来的就业结构变化，为市民提供更多的就业机会和创业空间。

3.环境与生态变化的影响

城市发展与环境和生态密切相关。随着城市化的推进，环境污染、生态破坏等问题日益突出，这些问题对规划提出了更高的要求。因此，规划需要更加注重生态环境的保护和修复，加强城市绿化、水系治理、空气质量改善等方面的工作。同时，规划还需要推动城市的低碳发展，减少能源消耗和碳排放，实现城市的可持续发展。

（二）城市发展对规划的要求

1.科学性与前瞻性

城市发展要求规划具备科学性和前瞻性。规划必须基于充分的数据分析和科学预测，才能准确把握城市发展的趋势和规律。同时，规划还需要具备前瞻性，能够预见未来可能出现的问题和挑战，提前制定应对策略和措施。只有这样，规划才能为城市的未来发展提供科学的指导和保障。

2.灵活性与适应性

城市发展是一个动态的过程，充满不确定性和变化性。因此，规划需要具备一定的灵活性和适应性。规划应能够根据城市发展的实际情况和变化需求进行适时调整和完善，确保规划与实际发展的紧密结合。同时，规划还需要注重与其他规划的有效衔接和协调，形成规划合力，共同推动城市的发展。

3.公众参与与社会监督

城市发展涉及广大市民的切身利益，因此规划需要注重公众参与和社会监督。规划过程中应广泛征求市民的意见和建议，确保规划符合市民的期望和需求。同时，规划实施过程中还需要接受社会的监督，确保规划的有效执行和落地。这样，规划才能真正体现民意、凝聚民智和惠及民生。

4.统筹协调与综合平衡

城市发展是一个综合性的过程，需要统筹协调各方面的利益关系。规划作为城市发展的指导性文件，需要注重统筹协调和综合平衡。一方面，规划要统筹考虑经济、社会、环境等多个方面的发展需求，确保各方面的协调发展。另一方面，规划还需要平衡不同区域、不同群体之间的利益关系，避免出现资源分配不均、社会不公等问题。

5.可持续发展理念

随着全球环境问题的日益严峻，可持续发展已成为城市发展的重要理念。城市发展要求规划必须贯彻可持续发展理念，注重资源的节约利用和环境的保护。规划应推动城市的绿色发展、循环发展和低碳发展，从而实现经济、社会、环境的协调发展。同时，规划还需要关注城市的未来发展潜力和可持续性，为城市的长期繁荣和稳定奠定基础。

综上所述，城市发展对规划提出了更高的要求和挑战。规划需要不断适应和应对这些变化，以确保城市的可持续发展。在未来的城市规划中，我们应更加注重科学性、前瞻性、灵活性、公众参与和社会监督等方面的工作，推动城市规划与城市发展的紧密结合，为城市的繁荣和进步贡献力量。

三、规划与城市发展的协调策略

随着城市化的加速推进，城市发展与规划之间的协调关系日益凸显。规划作为指导城市发展的蓝图和纲领，对于促进城市经济、社会、环境的协调发展具有至关重要的作用。然而，在实际发展过程中，规划与城市发展之间通常存在着一定的矛盾和不平衡。因此，制定和实施有效的协调策略，实现规划与城市发展的良性互动，是当前城市规划工作的重要任务。

（一）强化规划的科学性与前瞻性

要实现规划与城市发展的协调，首先必须确保规划的科学性和前瞻性。科学性要求规划基于充分的数据分析、实地调研和专家论证，准确把握城市发展的现状和趋势，科学预测未来的发展方向和规模。前瞻性则要求规划具备预见性，能够提前识别和应对可能出现的问题和挑战，为城市发展提供前瞻性的指导和建议。

为此，城市规划部门应加强与其他部门的合作与交流，建立数据共享机制，以确保规划所需数据的准确性和时效性。同时，应加强对规划人员的培训和教育，提高其专业素养和综合能力，确保规划的科学性和前瞻性。

（二）增强规划的灵活性与适应性

城市发展是一个动态的过程，充满不确定性和变化性。因此，规划需要具备足够的灵活性和适应性，能够根据城市发展的实际情况和变化需求进行适时调整和完善。

为了实现规划的灵活性与适应性，可以采用滚动式规划的方式，即定期对规划进行修订和更新，以适应城市发展的变化。同时，规划过程中应充分考虑市民的意见和建议，建立公众参与机制，确保规划符合市民的期望和需求。

（三）注重规划的统筹协调与综合平衡

城市发展涉及多个领域和方面，需要统筹协调各方面的利益关系。规划作为城市发展的指导性文件，应注重统筹协调和综合平衡，确保各方面的协调发展。

具体而言，规划应统筹考虑经济、社会、环境等多个方面的发展需求，应避免片面追求经济增长而忽视社会和环境问题。同时，规划还需要平衡不同区域、不同群体之间的利益关系，确保资源分配公平合理，避免出现社会不公现象。

为了实现规划的统筹协调与综合平衡，可以建立跨部门协作机制，加强部门之间的沟通与合作，形成规划合力。此外，还可以引入第三方评估机构对规划实施效果进行定期评估，确保规划目标的顺利实现。

（四）强化规划的实施与监督

规划的实施与监督是确保规划与城市发展协调的关键环节。制定再好的规划，如果得不到有效实施和监督，也难以发挥其应有的作用。

因此，应建立健全的规划实施与监督机制，明确各部门的职责和分工，以确保规划的有效执行。同时，应加强对规划实施情况的监督检查，对违反规划的行为进行严肃处理，确保规划的权威性和严肃性。

此外，还可以通过建立规划信息公开制度，提高规划的透明度和公信力，增强市民对规划的认同感和支持度。

（五）推动规划理念与方法的创新

随着时代的进步和城市发展的变化，传统的规划理念和方法已经无法满足新的发展需求。因此，推动规划理念与方法的创新是实现规划与城市发展协调的重要途径。

在规划理念方面，应树立绿色发展、可持续发展等先进理念，注重生态环境的保护和修复，推动城市的低碳发展。在规划方法方面，可以引入大数据、人工智能等现代信息技术，提高规划的精准性和效率性。

同时，还应加强与国际先进城市的交流与合作，学习借鉴其成功经验和做法，以推动我国城市规划工作不断创新和发展。

（六）加强规划宣传与教育

规划宣传与教育是提高公众规划意识、促进规划与城市发展协调的重要手段。通过加强规划宣传与教育，可以使公众更加深入地了解规划的意义和作用，从而增强对规划的认同感和支持度。

为此，可以通过举办规划展览、开展规划知识普及活动等方式，向公众传播规划理念和知识。同时，还可以在学校、社区等场所开展规划教育课程，培养青少年的规划意识和素养。

综上所述，实现规划与城市发展的协调需要多方面的策略与措施。通过强化规划的科学性与前瞻性、增强规划的灵活性与适应性、注重规划的统筹协调与综合平衡、强化规划的实施与监督、推动规划理念与方法的创新以及加强规划宣传与教育等措施的综合运用，可以有效促进规划与城市发展的良性互动和协调发展。这将有助于提升城市的综合竞争力和可持续发展水平，为市民创造更加美好的生活环境。

第二章 自然资源工程研究

第一节 自然资源工程的定义与范畴

一、自然资源工程的定义

自然资源工程是指对自然资源进行开发、利用、保护和管理的工程实践活动。它涉及多个学科领域的知识和技术，旨在实现自然资源的可持续利用，促进经济社会的可持续发展。本文将从自然资源工程的定义、特点、发展历程、应用领域、未来挑战与发展趋势等方面进行详细阐述。

（一）自然资源工程的定义

自然资源工程是指通过对自然资源的调查、评价、规划、设计、开发、利用、保护和管理等一系列工程实践活动，实现对自然资源的合理开发、高效利用和有效保护，以满足人类经济社会发展的需求。自然资源工程涵盖了地质、水利、农业、林业以及环境等多个学科领域的知识和技术，具有综合性、系统性和实践性的特点。

（二）自然资源工程的特点

综合性：自然资源工程涉及多个学科领域的知识和技术，因此需要综合运用地质学、水文学、生态学、环境科学等多学科的理论和方法，以解决自然资源开发利用过程中的复杂问题。

系统性：自然资源工程是一个系统工程，需要从整体和全局的角度出发，对自然资源的开发、利用、保护和管理进行统筹规划，并确保各个环节之间的协调性和一致性。

实践性：自然资源工程注重实践应用，更加强调工程技术的可操作性和实用性。通过实地调查、试验和示范等方式，不断优化工程技术方案，提高自然资源的开发利用效率。

（三）自然资源工程的发展历程

自然资源工程的发展历程可以追溯到古代人类对自然资源的初步开发和利用。随着科技的进步和社会的发展，自然资源工程逐渐形成了较为完善的学科体系和技术体系。在现代社会，自然资源工程已经成为推动经济社会发展的重要力量，为人类的生存和发展提供了坚实的物质基础。

（四）自然资源工程的应用领域

水资源工程：水资源工程是自然资源工程的重要组成部分，主要涉及水资源的调查、评价、开发、利用和保护等方面。通过建设水库、水电站以及灌溉系统等工程设施，实现了水资源的合理调配和高效利用，为农业、工业和生活用水提供了有力保障。

矿产资源工程：矿产资源工程关注矿产资源的勘探、开采、加工和综合利用等方面。通过运用先进的勘探技术和采矿技术，提高矿产资源的开采效率和回收率，同时注重矿产资源的环保和可持续发展。

土地资源工程：土地资源工程涉及土地资源的调查、评价、规划、整治和保护等方面。通过土地整治、水土保持、生态农业等措施，提高土地资源的生产力和生态功能，实现土地的可持续利用。

森林资源工程：森林资源工程关注森林资源的培育、保护、利用和管理等方面。通过植树造林、森林防火、病虫害防治等措施，保护森林资源的安全和生态稳定，同时推动林业产业的发展和转型升级。

海洋资源工程：海洋资源工程涉及海洋资源的勘探、开发、利用和保护等方面。通过建设海洋牧场、海底油气田等工程设施，实现海洋资源的合理开发和高效利用，推动海洋经济的繁荣和发展。

（五）自然资源工程面临的未来挑战与发展趋势

生态环境保护压力增大：随着人类活动的不断扩展和深化，生态环境保护的压力日益增大。自然资源工程需要在保障经济发展的同时，应更加注重生态环境的保护和修复，实现经济效益、社会效益和生态效益的协调发展。

技术创新和产业升级需求迫切：随着科技的不断进步和产业的转型升级，自然资源工程需要不断创新和升级技术，提高资源开发利用的效率和质量。同时，还需要推动产业结构的优化和升级，实现资源的循环利用和可持续发展。

全球化背景下的国际合作与竞争：在全球化的背景下，自然资源工程需要加强国际间的合作与交流，共同应对全球性的资源环境问题。同时，还需要在国际竞争中不断提升自身的实力和水平，为国家的经济社会发展贡献力量。

综上所述，自然资源工程是一门综合性、系统性和实践性很强的学科领域。它通过对自然资源的开发、利用、保护和管理的工程实践活动，为经济社会的可持续发展提供了重要的物质保障和技术支持。在未来发展中，自然资源工程需要不断适应和应对新的挑战和机遇，加强技术创新和产业升级，推动资源的可持续利用和生态环境的保护，为人类的生存和发展做出更大的贡献。

二、工程涉及的资源类型

工程作为人类改造自然、创造社会财富的重要手段，其实施过程中不可避免地会涉及各种类型的资源。这些资源不仅是工程得以顺利进行的基础，更是推动经济社会发展的关键因素。本文将从自然资源、人力资源、技术资源以及资金资源等多个方面详细探讨工程涉及的资源类型及其在工程中的重要作用。

（一）自然资源

自然资源是工程活动中最基本也最直接的资源类型，它们包括土地、水、矿产、森林、海洋等，是工程建设的物质基础。

土地资源：土地是工程建设的载体，无论是建筑、道路、桥梁还是水利、电力等工程，都需要占用一定的土地。因此，土地的合理利用和规划是工程实施的前提。

水资源：水是生命之源，也是工程活动中不可或缺的资源。水利工程、水电工程、农业灌溉等都需要水资源。同时，水资源的合理利用和保护也是工程活动中的重要任务。

矿产资源：矿产资源是工程活动中重要的原材料来源，如煤炭、石油、天然气以及金属矿产等。这些资源的开采和利用为工程建设提供了必要的物质条件。

森林资源和海洋资源：森林资源和海洋资源同样具有丰富的利用价值。森林资源可以用于木材、纸张等产品的生产，而海洋资源则包括渔业、海洋能源等多个方面。这些资源的合理开发和利用对于推动工程建设和经济社会发展具有重要意义。

（二）人力资源

人力资源是工程活动中最活跃、最具创造力的资源类型。它包括工程建设所需的各类人才，如工程师、技术人员、工人等。

工程师和技术人员：他们是工程建设的核心力量，负责工程的规划、设计、施工和管理等工作。他们的专业知识和技能水平直接决定了工程的质量和效益。

工人：工人是工程建设的直接执行者，他们的劳动和付出是工程得以完成的基础。工人的技能水平和安全意识对于保障工程质量和安全至关重要。

在工程活动中，人力资源的合理配置和有效利用是确保工程顺利进行的关键。通过加强人才培养、引进和激励等措施，可以提高工程队伍的整体素质和能力水平，为工程建设提供有力的人才保障。

（三）技术资源

技术资源是工程活动中推动创新和发展的重要力量。它包括工程建设所需的各种技术、工艺以及专利等。

工程技术：工程技术是工程建设的核心要素，包括结构设计、施工方法、设备选型等方面。先进的工程技术可以提高工程的效率和质量，从而降低建设成本。

工艺技术：工艺技术是实现工程目标的重要手段，它涉及原材料的加工、产品的制造等多个环节。先进的工艺技术可以提高产品的质量和性能，增强市场竞争力。

专利和技术创新：专利和技术创新是工程活动中重要的智力成果，它们可以保护创新者的权益，推动技术的不断进步和工程领域的持续发展。

在技术资源方面，工程活动需要不断引进和借鉴国内外先进的技术成果，加强自主创新和技术研发，提高工程建设的科技含量和附加值。

（四）资金资源

资金资源是工程活动中必不可少的支持要素。它包括工程建设所需的投资、融资和资金管理等。

投资：投资是工程建设的启动资金，它来自于政府、企业或个人等多个渠道。投资的规模和结构对于工程的规模、质量和效益具有重要影响。

融资：融资是工程建设过程中解决资金问题的重要手段。通过银行贷款、发行债券以及吸引社会资本等方式，可以为工程建设提供稳定的资金来源。

资金管理：资金管理是确保工程资金安全、有效使用的重要环节。通过加强预算控制、成本核算和审计监督等措施，可以提高资金的使用效率和管理水平。

在资金资源方面，工程活动应制定合理的投资计划和融资方案，加强资金管理和风险控制，以确保工程建设的顺利进行和可持续发展。

综上所述，工程涉及的资源类型丰富多样，包括自然资源、人力资源、技术资源和资金资源等多个方面。这些资源在工程活动中发挥着各自的作用，共同推动工程建设的顺利进行和经济社会的发展。在未来的工程实践中，我们需要更加注重资源的合理利用和可持续发展，加强资源的保护和管理，推动工程领域的绿色发展和创新进步。

三、工程的主要任务与领域

工程，作为人类应用科学原理和技术手段，为满足社会需求和推动文明进步而进行的创造性活动，其任务繁重且多样，涉及领域广泛而深远。本文将从工程的主要任务和涉及的领域两个方面，进行详细的阐述和分析。

（一）工程的主要任务

1.资源开发与利用

工程的首要任务是合理开发和利用自然资源，以满足人类社会的物质需求。这包括矿产资源的勘探与开采、水资源的调配与利用、土地资源的整治与开发等。在开发过程中，工程活动需要遵循可持续性原则，才能确保资源的长期利用和生态环境的保护。

2.基础设施建设

基础设施建设是工程活动的重要组成部分，包括交通、水利、能源、通信等多个方面。这些设施的建设对于提高社会生产效率、改善人民生活水平具有重要意义。工程师们需要运用先进的技术手段，进行科学的规划和设计，以确保基础设施的安全、高效和可持续运行。

3.技术创新与研发

工程活动是推动技术创新和研发的重要力量。工程师们需要不断探索新的技术原理和应用方法，提高工程技术的水平和质量。同时，他们还需要关注新兴技术的发展趋势，及时引进和消化吸收先进技术，推动工程领域的创新进步。

4.环境保护与治理

随着人类活动的不断扩展，环境问题日益突出。工程活动在推动经济社会发展的同时，也需要承担更多的环境保护与治理任务。这包括环境污染的治理、生态修复与保护、资源循环利用等多个方面。工程师们需要运用环保技术和手段，减少工程活动对环境的影响，实现经济效益、社会效益和环境效益的协调发展。

（二）工程涉及的领域

1.建筑工程领域

建筑工程是工程领域的重要组成部分，主要涉及房屋、道路、桥梁、隧道等建筑物的规划、设计、施工和管理等方面。建筑工程的任务是确保建筑物的安全、舒适和美观，同时还要满足人们的居住、交通和其他功能需求。在建筑工程中，工程师们需要运用建筑学、结构力学、材料科学等多学科知识，进行精确的测量、计算和施工，确保建筑物的质量和性能。

2.机械工程领域

机械工程涉及机械设备、制造工艺、自动化控制等多个方面。它的主要任务是研究和开发各种机械设备和工艺，提高生产效率和质量，降低生产成本。在机械工程领域，工程师们需要掌握机械设计、制造、维护等方面的知识，运用先进的制造技术和自动化设备，推动制造业的转型升级和创新发展。

3. 电子工程领域

电子工程主要涉及电子设备、通信技术、信息技术等方面。它的任务是研究和开发各种电子系统和设备，更好地推动信息技术的进步和应用。在电子工程领域，工程师们需要掌握电子技术、通信技术、计算机技术等专业知识，才能更好地进行电路设计、系统集成和软件开发等工作，为人们提供更加便捷、高效的通信和信息服务。

4. 化工工程领域

化工工程主要涉及化学品的生产、加工和利用等方面。它的任务是研究和开发新的化学工艺和产品，满足人们对化学品的需求。在化工工程领域，工程师们需要掌握化学原理、反应工程、分离技术等方面的知识，进行工艺设计、设备选型和生产管理等工作，以确保化学品的安全、高效和环保生产。

5. 能源工程领域

能源工程主要涉及能源的开发、利用和转换等方面。它的任务是研究和开发新的能源技术和设备，以提高能源利用效率，降低能源消耗和污染。在能源工程领域，工程师们需要关注能源技术的发展趋势，掌握能源转换、储存和传输等方面的技术，推动可再生能源的开发和利用，实现能源的可持续发展。

6. 环境工程领域

环境工程主要关注环境保护和污染治理。它的任务是研究和开发环境治理技术，减少人类活动对环境的影响。在环境工程领域，工程师们需要掌握环境科学、生态学、化学等多学科知识，进行环境监测、污染治理和生态修复等工作，为构建美丽宜居的环境做出贡献。

综上所述，工程的主要任务涉及资源开发与利用、基础设施建设、技术创新与研发，以及环境保护与治理等多个方面。工程涉及的领域包括建筑工程、机械工程、电子工程、化工工程、能源工程和环境工程等多个专业领域。这些任务和领域相互交织、相互促进，共同推动着人类社会的进步和发展。在未来的发展中，我们需要不断深化对工程任务和领域的认识和理解，加强工程技术的创新和应用，为实现经济社会的可持续发展做出更大的贡献。

第二节　土地利用规划与管理

一、土地利用现状与评价

（一）概述

土地利用是人类为满足生产、生活需要而对土地资源进行开发、利用、改造和管理的过程。土地利用现状反映了土地资源在一定时期内的配置情况，是制定土地管理政策、优化资源配置的重要依据。本文将对我国土地利用现状进行深入分析，并对其进行评价，以期为我国土地资源的可持续利用提供有益的参考。

（二）土地利用现状

1.农用地利用现状

农用地是我国土地利用的主体，包括耕地、林地以及草地等。近年来，随着农业现代化的推进，我国农用地利用效率不断提高，但同时也面临着一些问题。一方面，耕地数量逐年减少，部分地区耕地质量也逐渐下降，导致粮食生产压力增大；另一方面，林地和草地的过度开发和不合理利用也导致了生态环境不断恶化。

2.建设用地利用现状

建设用地主要包括城镇用地、工矿用地、交通用地等。随着城市化进程的加速，建设用地的需求不断增加，但同时也带来了诸多问题。一方面，城市扩张占用了大量耕地和生态用地，导致土地资源的浪费；另一方面，部分建设用地利用效率低下，存在闲置和浪费现象。

3.未利用地现状

未利用地主要包括荒地、沙地、盐碱地等难以直接利用的土地资源。这些土地资源虽然潜力巨大，但由于技术、资金等方面的限制，目前尚未得到充分利用。

（三）土地利用评价

1.土地利用效率评价

从整体上看，我国土地利用效率呈现出逐步提高的趋势。农业用地通过推广先进的农业技术和改善农业生产条件，提高了单位面积的产量和质量；建设用地通过优化城市规划、加强土地管理和提高建筑容积率等措施，提高了土地利用效率。然而，与发达国家相比，我国土地利用效率仍存在一定差距，特别是在建设用地方面，部分城市依然存在土地浪费和闲置现象。

2. 土地利用结构评价

我国土地利用结构在近年来发生了显著变化。随着城市化的推进，建设用地占比逐渐增加，而农用地占比则相应减少。这种变化在一定程度上反映了经济社会发展的需求，但同时也带来了土地资源紧张和生态环境的压力。因此，在土地利用结构调整中，需要更加注重保护耕地和生态用地，以确保土地资源的可持续利用。

3. 土地利用可持续性评价

土地利用可持续性是评价土地利用现状的重要指标。从当前情况来看，我国土地利用在一定程度上存在不可持续的问题。例如，部分地区的耕地过度开发和污染问题严重，导致土壤质量下降；一些城市的无序扩张和过度开发也破坏了生态环境。这些问题都影响了土地资源的可持续利用。因此，需要加强土地资源保护和环境治理，推动土地利用向更加可持续的方向发展。

（四）土地利用优化建议

1. 加强耕地保护，提高耕地质量

耕地是我国粮食安全的基础，必须采取有效措施加强保护。一方面，要严格控制非农建设占用耕地，以确保耕地数量稳定；另一方面，要加强耕地质量建设，推广测土配方施肥、节水灌溉等先进技术，提高耕地地力和产出水平。

2. 优化建设用地布局，提高利用效率

在城市化进程中，要合理规划建设用地布局，避免无序扩张和浪费现象。同时，要加强土地管理，严格执行土地利用总体规划和年度计划，确保建设用地得以高效有序地利用。此外，还可以通过提高建筑容积率、推广绿色建筑等方式，进一步提高建设用地利用效率。

3. 加强未利用地开发，拓展土地利用空间

针对未利用地潜力巨大的特点，应加大技术研发和资金投入力度，探索适合未利用地开发的技术模式和政策措施。通过科学规划、合理布局、有序推进未利用地的开发，拓展土地利用空间，为经济社会发展提供更多土地资源支撑。

综上所述，我国土地利用现状既取得了一定的成绩，也面临着一些问题和挑战。在未来发展中，应更加注重土地资源保护和环境治理，推动土地利用向更加高效、可持续的方向发展。通过加强耕地保护、优化建设用地布局、加强未利用地开发等措施，实现土地资源的优化配置和可持续利用，为我国经济社会发展提供有力支撑。

二、土地利用规划的原则与方法

（一）概述

土地利用规划是指为了实现土地资源的优化配置和高效利用，通过科学的预测、设计和组织，对一定区域内的土地利用进行统筹安排和合理布局的过程。它是国土空间规划的重要组成部分，对于促进经济社会发展、保护生态环境和维护粮食安全具有重要意义。本文将详细探讨土地利用规划的原则与方法，以期为实际工作提供有益的参考。

（二）土地利用规划的原则

1. 可持续性原则

可持续性原则是土地利用规划的核心原则。它要求规划工作必须充分考虑土地资源的有限性和生态环境的重要性，以实现土地资源的可持续利用为目标。在规划过程中，应注重生态平衡和环境保护，避免过度开发和滥用土地资源，确保土地资源的永续利用。

2. 综合效益原则

综合效益原则强调土地利用规划应追求经济效益、社会效益和生态效益的协调统一。在规划过程中，要充分考虑土地资源的多元功能，合理安排各类用地，以促进产业结构优化和区域均衡发展。同时，应注重提高土地利用效率，减少土地浪费，实现土地资源的最大化利用。

3. 公众参与原则

公众参与原则要求土地利用规划应广泛征求公众意见，充分反映群众利益诉求。在规划过程中，应加强与相关利益方的沟通协商，确保规划的公正性和合理性。同时，应注重提高规划的透明度和公开性，接受社会监督，增强规划的可信度和执行力。

4. 灵活性与适应性原则

由于经济社会发展具有不确定性和动态性，所以土地利用规划应具备一定的灵活性和适应性。在规划过程中，应充分考虑未来可能会出现的变化因素，制定灵活的规划方案和应对措施。同时，应注重规划的动态调整和优化，以适应经济社会发展的需求。

（三）土地利用规划的方法

1. 调查分析法

调查分析法是土地利用规划的基础方法。它通过对一定区域内的土地资源、社会经济、生态环境等方面进行详细的调查和分析，为规划提供科学的数据支撑。在调查过程中，应注重数据的准确性和完整性，以确保规划的科学性和可行性。

2. 系统分析法

系统分析法是将土地利用规划视为一个复杂的系统，运用系统工程原理和方法进行规划的方法。它注重从整体上把握土地利用的规律和特点，分析各要素之间的相互作用和关系，从而找到最优的规划方案。在运用系统分析法时，应注重构建合理的指标体系和模型，确保规划的科学性和实用性。

3. 情景模拟法

情景模拟法是通过设定不同的经济社会发展情景，预测和分析土地利用的变化趋势和可能出现的问题，为规划提供决策依据的方法。它可以帮助规划者更好地把握未来可能的变化因素，从而制定出更加合理的规划方案。在运用情景模拟法时，应注重情景的合理性和真实性，以确保预测结果的准确性和可靠性。

4. 专家咨询法

专家咨询法是通过邀请相关领域的专家进行咨询和讨论，为土地利用规划提供专业意见和建议。它可以充分利用专家的专业知识和经验，提高规划的科学性和可行性。在运用专家咨询法时，应注重与专家充分沟通和交流，确保专家的意见得到充分考虑和体现。

（四）土地利用规划的实施与监督

1. 实施措施

土地利用规划的实施需要采取一系列有效的措施。首先，要加强规划的宣传和普及工作，提高公众对规划的认识和理解。其次，要建立健全规划实施的组织机构和责任体系，并且明确各部门的职责和任务。再次，还要注重规划与其他相关规划的衔接和协调，确保规划的整体性和一致性。最后，还应加强规划实施的监督和评估工作，及时发现和解决问题，确保规划的有效实施。

2. 监督与评估

监督与评估是确保土地利用规划有效实施的重要手段。通过建立完善的监督体系，对规划实施过程进行实时跟踪和监控，可以及时发现和纠正规划实施中的问题。同时，通过定期评估规划的实施效果和影响，可以总结经验教训，为未来的规划工作提供有益的参考。在监督与评估过程中，应注重数据的收集和分析工作，确保评估结果的客观性和准确性。

土地利用规划是一项复杂而重要的工作，需要遵循一定的原则和方法。通过坚持可持续性原则、综合效益原则、公众参与原则和灵活性与适应性原则，可以确保规划的科学性和可行性。同时，运用调查分析法、系统分析法、情景模拟法和专家咨询法等方法，可以为规划提供有效的支持和保障。在实施和监督方面，应加强宣传普及工作、建立组织机构和责任体系、加强与其他规划的衔接和协调，以及完善监督与评估机制等措施，以确保规划的有效实施和落地。

三、土地利用管理的措施与制度

（一）概述

土地利用管理是国家对土地资源进行合理利用、保护和管理的重要手段，旨在实现土地资源的优化配置和高效利用。随着经济社会的发展和人口的增长，土地资源日益紧张，土地利用管理的重要性也愈发凸显。本文将深入探讨土地利用管理的措施与制度，以期为实际工作提供有益的参考。

（二）土地利用管理的措施

1. 制定科学合理的土地利用规划

土地利用规划是土地利用管理的基础和前提。制定科学合理的土地利用规划，可以明确土地利用的目标、任务和措施，为土地利用管理提供科学的指导。在规划制定过程中，应充分考虑土地资源的有限性、生态环境的保护以及经济社会发展的需求，确保规划的合理性和可行性。

2. 严格土地用途管制

土地用途管制是土地利用管理的核心措施之一。通过明确各类土地的用途和限制条件，可以有效防止土地资源的滥用和浪费。在实际操作中，应严格执行土地利用总体规划，对不符合规划要求的用地申请进行限制或禁止，以确保土地资源的合理利用。

3. 加强土地执法力度

土地执法是土地利用管理的重要保障。通过加大执法力度，对违法行为进行严厉打击和处罚，维护土地市场的秩序和公平。同时，加大对土地执法人员的培训和教育力度，提高其业务水平和执法能力，确保土地执法的公正性和有效性。

4. 推进土地节约集约利用

土地节约集约利用是土地利用管理的重要目标。通过推广先进的农业技术、优化城市用地结构、提高建筑容积率等措施，实现土地资源的最大化利用。同时，加强土地复垦和整理工作，恢复土地的生态功能和生产能力，提高土地的综合利用效益。

5. 建立土地利用信息管理制度

随着信息技术的不断发展，土地利用信息管理已成为现代土地利用管理的重要手段。通过建立完善的土地利用信息管理系统，可以实现对土地利用数据的实时更新和共享，提高土地利用管理的效率和精度。同时，还要加强对土地利用信息的分析和利用，为决策提供科学依据。

（三）土地利用管理的制度

1. 土地利用总体规划制度

土地利用总体规划制度是国家对土地资源进行宏观调控的重要手段。通过制定和实施土地利用总体规划，明确土地利用的目标、任务和措施，为各级政府和相关部门提供决策依据。同时，加强规划的编制、审批和实施监督，确保规划的权威性和有效性。

2. 土地用途管制制度

土地用途管制制度是对土地资源进行合理利用的重要保障。通过明确各类土地的用途和限制条件，防止土地资源的滥用和浪费。在实际操作中，要严格执行土地用途管制规定，对不符合要求的用地申请进行限制或禁止，确保土地资源的合理利用。

3. 土地市场管理制度

土地市场管理制度是维护土地市场秩序和公平的重要手段。通过建立公开、公正、透明的土地交易制度，规范土地市场的运作和交易行为。同时，加强对土地市场的监管和调控，防止土地价格的过度波动和投机行为的发生，维护土地市场的稳定和健康发展。

4. 土地执法监察制度

土地执法监察制度是保障土地利用管理有效实施的关键环节。通过建立健全的土地执法监察体系，加强对土地利用行为的监督和检查，能够及时发现和纠正违法行为。同时，加大对违法行为的处罚力度，提高违法成本，从而形成有效的威慑机制。

5. 土地利用信息管理制度

土地利用信息管理制度是提升土地利用管理效率和质量的重要基础。通过建立完善的土地利用信息管理系统，可以实现对土地利用数据的收集、整理、分析和利用。同时，加强信息共享和公开透明，可以提高土地利用管理的透明度和公信力。

土地利用管理的措施与制度是确保土地资源合理利用和可持续发展的关键所在。通过制定科学合理的土地利用规划、严格土地用途管制、加强土地执法力度、推进土地节约集约利用以及建立土地利用信息管理制度等措施的实施，可以实现对土地资源的优化配置和高效利用。同时，通过完善土地利用总体规划制度、土地用途管制制度、土地市场管理制度、土地执法监察制度以及土地利用信息管理制度等制度的建设，可以确保土地利用管理的规范化和制度化。在未来的工作中，我们应继续深化对土地利用管理的研究和实践，不断探索新的管理措施和制度创新，为推动我国土地资源的可持续利用和经济社会的发展做出更大的贡献。

第三节 水资源工程规划与保护

一、水资源现状与评价

（一）概述

水是生命之源，是人类社会发展的重要基础资源。然而，随着人口的增长、工业化的推进和城市化的加速，水资源面临着日益严峻的挑战。因此，对水资源现状进行深入了解与评价，对于制定合理的水资源管理和保护策略具有重要意义。本文旨在分析当前水资源的现状，并对其进行评价，以期为水资源管理和保护工作提供有益的参考。

（二）水资源现状

1. 水资源总量与分布

我国水资源总量丰富，但分布不均。南方地区水资源相对充足，北方地区则相对匮乏。此外，受气候变化影响，部分地区水资源波动较大，给当地的生产生活带来了一定的影响。

2. 水资源利用情况

目前，我国水资源利用方式多种多样，包括农业灌溉、工业用水、生活用水等。然而，由于技术和管理水平的限制，水资源利用效率普遍较低，浪费现象严重。同时，部分地区存在过度开采地下水、污染水源等问题，导致水资源质量下降。

3. 水资源管理与保护

近年来，我国在水资源管理和保护方面取得了显著进展。政府加大了对水资源保护和治理的投入，并且出台了一系列法律法规和政策措施。同时，加强了水资源监测和监管力度，提高了水资源利用效率。然而，仍存在一些问题和挑战，如水资源管理体制不完善、执法力度不足等。

（三）水资源评价

1. 水资源品质评价

从水质角度来看，我国水资源质量整体呈现出下降趋势。部分地区受到工业、农业面源等影响，导致水源受到污染。尽管政府加强了治理力度，但水污染问题仍然严峻。因此，提高水资源质量和加强水污染治理是当前亟待解决的问题。

2. 水资源利用效率评价

我国水资源利用效率普遍较低，尤其是在农业灌溉和工业用水方面。农业灌溉用水量大，但利用效率不高；工业用水则存在大量浪费现象。此外，水资源在时间和空间上的分配不均衡也加剧了利用效率的低下。因此，提高水资源利用效率、优化水资源配置是未来的重要任务。

3.水资源管理与保护能力评价

在水资源管理与保护方面，我国已经取得了一定的成就。政府加强了水资源管理体制建设，提高了监管力度。同时，加强了水资源监测和预警系统建设，提高了应对突发事件的能力。然而，仍存在一些问题和挑战。例如，部分地区水资源管理体制不健全，执法力度不足，水资源保护意识不强，公众参与程度不高等。因此，需要进一步完善水资源管理与保护体系，提高管理和保护能力。

（四）建议与展望

1.加强水资源保护意识

提高公众对水资源保护的认识和重视程度，加强水资源保护教育，让更多人了解水资源的宝贵性和重要性。

2.完善水资源管理制度

建立健全的水资源管理制度，明确各级政府和部门的职责和权限，加强水资源监管和执法力度。同时，推动水资源市场化改革，引导社会资本参与水资源保护和利用。

3.提高水资源利用效率

加强水资源节约利用技术的研发和推广，提高农业灌溉和工业用水的利用效率。同时，优化水资源配置，实现水资源的合理利用和可持续发展。

4.加强水污染治理

加大水污染治理力度，严格控制工业污染和农业面源污染，加强水源地保护。同时，加强水环境监测和预警系统建设，及时发现和处理水污染事件。

我国水资源现状既有机遇也有挑战。面对复杂多变的水资源环境，我们应深刻认识到水资源的珍贵性和重要性，加强水资源管理和保护工作。通过完善水资源管理制度、提高水资源利用效率、加强水污染治理等措施，推动水资源的合理利用和可持续发展。同时，加强国际合作与交流，借鉴国际先进经验和技术手段，共同应对全球水资源挑战。

在未来的发展中，我们应持续关注水资源现状的变化趋势，不断调整和优化水资源管理和保护策略。通过全社会的共同努力，以实现水资源的永续利用和生态环境的和谐共生。

二、水资源工程规划的原则与目标

（一）概述

水资源工程规划是合理利用和保护水资源的重要手段，它涉及水资源的开发、利用、配置和保护等多个方面。一个科学、合理的水资源工程规划，能够确保水资源的可持续利用，从而促进经济社会的可持续发展。因此，明确水资源工程规划的原则与目标，对于指导规划的制定和实施具有重要意义。

（二）水资源工程规划的原则

1. 可持续性原则

可持续性原则是水资源工程规划的首要原则。它要求在水资源工程规划中，充分考虑水资源的可再生性和可持续性，确保水资源的长期、稳定供应。同时，规划应注重生态环境的保护，避免过度开发和污染，实现人与自然的和谐共生。

2. 综合性原则

水资源工程规划涉及多个领域和方面，需要综合考虑水资源、经济、社会以及环境等多个因素。因此，规划应遵循综合性原则，需全面分析各种影响因素，协调各方面利益，制定出符合实际、切实可行的规划方案。

3. 安全性原则

安全性原则强调在水资源工程规划中，应确保供水安全、防洪安全和水质安全。规划应充分考虑各种可能的风险和隐患，并且制定相应的应对措施，以确保水资源工程的安全运行和有效管理。

4. 效益性原则

效益性原则要求在水资源工程规划中，要注重经济效益、社会效益和生态效益的协调统一。规划应充分评估各种方案的效益和成本，选择最优方案，实现水资源的最大化利用和效益的最大化发挥。

5. 公众参与原则

公众参与原则强调在水资源工程规划中，应注重公众参与和民主决策。规划应广泛征求各方面的意见和建议，充分考虑公众的利益和需求，增强规划的透明度和公信力。

（三）水资源工程规划的目标

1. 优化水资源配置

水资源工程规划的首要目标是优化水资源的配置。通过科学规划，合理分配水资源，确保不同地区、不同行业、不同领域的水资源需求均得到满足。同时，规划应注重水资源的节约和高效利用，减少浪费和损失，提高水资源的利用效率。

2. 提升供水能力

提升供水能力是水资源工程规划的重要目标之一。规划应通过建设和完善水源工程、输水工程、净水工程等基础设施，提高供水能力和供水质量。同时，规划还应考虑应急供水措施，以确保在突发事件或紧急情况下能够保障供水安全。

3. 强化防洪减灾能力

防洪减灾是水资源工程规划的重要任务之一。规划应通过建设防洪堤防、水库、排涝设施等防洪工程，提高防洪减灾能力，减少洪涝灾害造成的损失。同时，规划还应加强洪水预警和应急管理体系建设，提高应对洪涝灾害的能力和水平。

4. 改善水生态环境

改善水生态环境是水资源工程规划的另一个重要目标。规划应注重水资源的生态保护和环境修复，加强水源地保护和水质监测，以确保水质安全。同时，规划还应推动水生态修复和水景观建设，提升水生态环境的整体质量。

5. 促进经济社会可持续发展

促进经济社会可持续发展是水资源工程规划的最终目标。通过科学规划和合理利用水资源，能够为经济社会发展提供有力支撑和保障。同时，规划还应注重与经济社会发展的协调性和适应性，确保水资源工程规划与经济社会发展目标相一致。

水资源工程规划的原则与目标体现了对水资源合理利用和保护的全面考虑。遵循可持续性原则、综合性原则、安全性原则、效益性原则和公众参与原则，可以确保规划的科学性和合理性。而优化水资源配置、提升供水能力、强化防洪减灾能力、改善水生态环境以及促进经济社会可持续发展等目标的实现，则有助于实现水资源的可持续利用和经济社会的可持续发展。

在实际操作中，我们需要根据不同地区的具体情况，制定符合当地的水资源工程规划。同时，还需要加强规划的实施和监督，确保规划的有效执行和目标的顺利实现。此外，随着经济社会的发展和科技的进步，我们还需要不断更新和完善水资源工程规划的理念和方法，以适应新的形势和需求。

总之，水资源工程规划是一项复杂而重要的任务，它需要我们以科学的态度和方法去研究和探索。通过遵循规划的原则和实现规划的目标，我们可以为水资源的合理利用和保护提供有力的支撑和保障，从而为经济社会的可持续发展贡献力量。

三、水资源保护与合理利用的策略

（一）概述

水资源作为地球上最宝贵的自然资源之一，对于人类的生存和发展具有不可替代的作用。然而，随着全球经济的快速发展和人口的不断增长，水资源的供需矛盾日益加剧，水资源保护和合理利用的问题也日益凸显。因此，制定和实施科学的水资源保护与合理利用策略，对于维护水资源的可持续利用和保障人类社会的可持续发展具有重要意义。

（二）水资源保护策略

1. 加强水资源保护意识教育

提高公众对水资源保护的认识和重视程度，是实施水资源保护策略的基础。通过加强水资源保护意识教育，普及水资源保护知识，让更多人了解水资源的珍贵性和脆弱性，从而主动参与到水资源保护的行动中来。

2. 严格水资源管理制度

建立健全水资源管理制度，明确各级政府和部门的职责和权限，加强对水资源开发、利用、配置和保护的监管。同时，加大对违法违规行为的处罚力度，形成有效的约束机制，确保水资源的合理利用和保护。

3. 推广节水技术和措施

推广节水技术和措施，是提高水资源利用效率、减少水资源浪费的重要途径。通过采用先进的节水灌溉技术、工业节水技术和生活节水器具等，能够有效降低水资源消耗，实现水资源的节约利用。

4. 加强水源地保护

水源地是水资源保护和利用的关键区域。应加强对水源地的保护，限制污染物的排放，防止水源地受到污染。同时，加强水源地的监测和预警，确保及时发现和处理潜在的风险和隐患。

5. 实施生态补水措施

生态补水是维护水生态系统健康以及改善水环境质量的重要手段。通过实施生态补水措施，如建设湿地、恢复河流生态流量等，增加水资源的生态服务功能，促进水资源的可持续利用。

（三）水资源合理利用策略

1. 优化水资源配置

优化水资源配置是实现水资源合理利用的关键。应根据不同地区、不同行业、不同领域的水资源需求，制定合理的水资源配置方案。同时，还要加强水资源调度和管理，确保水资源的供需平衡。

2. 提高水资源利用效率

提高水资源利用效率是缓解水资源供需矛盾的有效途径。通过改进生产工艺、优化用水结构、加强用水管理等方式，可以降低单位产品的水资源消耗，从而提高水资源的利用效率。

3. 加强水资源循环利用

水资源循环利用是减少水资源消耗、提高水资源利用效率的重要手段。通过建设雨水收集系统、中水回用系统等，可以实现水资源的再利用和循环利用，从而降低对新鲜水资源的依赖。

4. 推进水资源市场化改革

推进水资源市场化改革，有利于发挥市场机制在水资源配置中的作用，提高水资源的利用效率。通过建立健全水权交易制度、水价形成机制等，引导社会资本参与水资源保护和利用，推动水资源的可持续利用。

5. 加强国际合作与交流

水资源是全球性问题，需要各国共同应对。加强国际合作与交流，借鉴国际先进经验和技术手段，共同推动全球水资源的保护和合理利用，是实现水资源可持续利用的重要途径。

水资源保护与合理利用是一项长期而艰巨的任务，需要政府、企业和社会各界的共同努力。通过加强水资源保护意识教育、严格水资源管理制度、推广节水技术和措施、加强水源地保护、实施生态补水措施等策略，可以有效保护水资源，维护水生态系统的健康。同时，通过优化水资源配置、提高水资源利用效率、加强水资源循环利用、推进水资源市场化改革、加强国际合作与交流等策略，可以实现水资源的合理利用，促进经济社会的可持续发展。

在未来，我们应继续深化对水资源保护与合理利用的研究和实践，不断探索新的策略和方法，以适应不断变化的水资源形势和经济社会发展的需求。同时，加强对公众的教育和宣传，提高全社会对水资源保护和合理利用的认识和重视程度，形成全民参与的良好氛围。相信在全社会的共同努力下，我们一定能够实现水资源的可持续利用，为子孙后代创造一个更加美好的家园。

第四节 生态环境保护与恢复

一、生态环境现状分析

（一）概述

生态环境是人类生存和发展的基础，它关系到人类的健康、福祉和经济的可持续发展。然而，随着工业化的快速发展和人口的不断增长，生态环境面临着日益严重的挑战。本文旨在对当前生态环境的现状进行深入分析，揭示存在的问题，并提出相应的对策和建议，以期为推动生态环境的保护和可持续发展提供参考。

（二）生态环境现状分析

1. 水资源污染与短缺

水资源是人类生存和发展的重要基础，然而，目前我国水资源面临着严重的污染和短缺问题。工业废水、农业面源污染和生活污水的大量排放，导致许多河流、湖泊和水库的水质急剧恶化，严重威胁着人们的饮用水安全。同时，由于过度开采和不合理利用，导致地下水位下降，部分地区出现水资源短缺现象，已严重制约了经济社会的发展。

2. 大气污染

大气污染是当前生态环境面临的另一个严重问题。工业排放、交通尾气、燃煤污染等导致空气中颗粒物、二氧化硫、氮氧化物等污染物浓度超标，引发了雾霾、酸雨等环境问题。这些污染物不仅对人体健康造成危害，还影响植物的生长和生态系统的平衡。

3. 土壤污染与退化

土壤是农业生产和生态系统的基础，然而，随着工业化进程的加快，土壤污染和退化问题日益突出。重金属、农药、化肥等污染物的排放和积累，导致土壤质量下降，影响农作物的产量和品质。同时，过度开垦、水土流失等现象也加剧了土壤的退化。

4. 生物多样性丧失

生物多样性是生态系统的重要组成部分，然而，由于人类活动的干扰和破坏，许多物种面临着生存威胁。过度捕猎、非法砍伐、生态破坏等行为导致许多珍稀物种濒临灭绝，生物多样性的丧失对生态系统的稳定和功能产生了严重影响。

5. 生态系统失衡

生态系统的平衡是维持地球生命的基础，然而，目前许多生态系统都面临着失衡的威胁。过度开发、不合理利用和污染排放等行为严重破坏了生态系统的结构和功能，导致生态服务功能的下降和生态灾害的频发。

（三）生态环境问题成因分析

1.工业化进程中的环境问题

随着工业化进程的加快，大量工厂和企业的建立导致污染物排放量的增加。同时，一些企业为了追求经济效益，忽视了环保责任，导致环境污染问题日益加剧。

2.人口增长与城市化压力

人口的不断增长和城市化进程的加速，使得对资源的需求不断增加，从而给生态环境带来了巨大压力。同时，城市扩张和基础设施建设过程中产生的废弃物和污染物也对环境造成了严重影响。

3.农业活动的影响

农业活动是导致生态环境问题的重要因素之一。农药、化肥的过量使用以及不合理的农业耕作方式，都导致土壤污染和退化，同时也对水体和大气造成污染。

4.环保意识和法规执行不足

公众对环保的认识和重视程度不够，缺乏环保意识和行动。同时，环保法规的执行力度不足，一些违法违规行为得不到有效制止和处罚，也加剧了生态环境问题的恶化。

（四）对策建议

1.加强环保法规建设和执行力度

完善环保法规体系，加强环保执法力度，对违法行为进行严厉打击和处罚。同时，提高环保部门的监管能力和效率，以确保环保法规得到有效执行。

2.提高公众环保意识

加强环保宣传教育，提高公众对环保的认识和重视程度。倡导绿色生活方式，鼓励人们积极参与环保行动，形成全社会共同关注环保的良好氛围。

3.推进绿色发展

转变经济发展方式，推动绿色产业的发展。加强技术创新和研发，推广清洁能源和环保技术，降低污染物排放，实现经济与环境的协调发展。

4.强化生态保护与修复

加强生态保护和修复工作，保护和恢复生态系统的结构和功能。实施生态补偿机制，鼓励企业和个人参与生态保护行动，共同维护生态安全。

当前生态环境面临着诸多挑战和问题，需要政府、企业和公众共同努力加以解决。通过加强环保法规建设和执行力度、提高公众环保意识、推进绿色发展和强化生态保护与修复等措施，我们才可以推动生态环境的保护和可持续发展，为子孙后代创建一个美好的家园。

二、生态保护与恢复的目标与原则

（一）概述

生态保护与恢复是当代社会面临的重要任务之一，其目的在于维护生态系统的完整性和稳定性，并且促进生物多样性的保持和恢复，最终实现人与自然的和谐共生。为了实现这一目标，需要明确生态保护与恢复的基本原则，并以此为指导，制定和实施相应的政策措施。

（二）生态保护与恢复的目标

1. 维护生态系统的完整性和稳定性

生态保护的首要目标是维护生态系统的完整性和稳定性。这包括保护生态系统的结构、功能和过程，还要确保生态系统能够持续提供生态服务，如水源涵养、气候调节、土壤保持等。通过保护和恢复生态系统，我们可以确保生态系统的自我修复能力和稳定性，减少自然灾害的发生和影响。

2. 促进生物多样性的保持和恢复

生物多样性是生态系统的重要组成部分，也是人类生存和发展的重要基础。生态保护与恢复的目标之一是促进生物多样性的保持和恢复。这包括保护珍稀濒危物种、维护物种多样性、恢复受损生态系统中的生物群落等。通过保护和恢复生物多样性，我们可以维护生态系统的平衡和稳定，为人类提供更多的生态资源和环境服务。

3. 实现人与自然的和谐共生

生态保护与恢复的最终目标是实现人与自然的和谐共生。这要求我们在发展经济的同时，充分考虑生态系统的承载能力，避免过度开发和破坏生态环境。通过推动绿色发展、循环经济等可持续发展模式，我们可以实现经济增长与生态保护的良性循环，从而为人类社会的可持续发展提供有力支撑。

（三）生态保护与恢复的原则

1. 尊重自然、顺应自然、保护自然

生态保护与恢复的首要原则是尊重自然、顺应自然以及保护自然。这意味着我们要尊重生态系统的自然规律和过程，避免过度干预和破坏生态系统的结构和功能。同时，我们要顺应自然的发展趋势，采取科学合理的措施，促进生态系统的恢复和发展。在保护和恢复过程中，我们要始终坚持保护优先的原则，确保生态系统的完整性和稳定性。

2. 预防为主、防治结合

生态保护与恢复需要坚持预防为主、防治结合的原则。这意味着我们要在生态环境问题出现之前就需要采取有效的预防措施，以减少污染和破坏的发生。同时，对于已经出现的生态环境问题，我们要采取积极的治理措施，防止问题进一步恶化。通过预防和治理相结合，我们可以有效地保护和恢复生态环境，实现生态系统的可持续发展。

3.统筹兼顾、综合施策

生态保护与恢复是一项系统工程，需要统筹兼顾、综合施策。这意味着我们要从生态系统的整体性和关联性出发，要综合考虑水、土、气、生物等多个要素，制定和实施综合性的保护措施。同时，我们要注重政策、法律、科技、教育等多个方面的协同作用，形成合力，共同推动生态保护与恢复工作的深入开展。

4.政府主导、公众参与

生态保护与恢复需要政府主导、公众参与。政府应制定和完善相关法律法规和政策措施，为生态保护与恢复提供制度保障和资金支持。同时，政府还应加强监管和执法力度，确保各项措施都能得到有效执行。此外，公众是生态保护与恢复的重要力量，应积极参与生态保护行动，形成全社会共同关注、共同参与的良好氛围。

5.可持续发展原则

生态保护与恢复必须遵循可持续发展原则。这意味着我们要在保护生态环境的同时，还要促进经济社会的协调发展。通过推动绿色发展、循环经济等可持续发展模式，我们可以实现经济增长与生态保护的良性循环，为子孙后代创建一个美好的家园。

生态保护与恢复的目标在于维护生态系统的完整性和稳定性，促进生物多样性的保持和恢复，实现人与自然的和谐共生。为了实现这一目标，我们需要遵循尊重自然、预防为主、统筹兼顾、政府主导和可持续发展等原则。这些原则为我们制定和实施生态保护与恢复措施提供了指导，有助于推动生态系统的健康发展和人类社会的可持续进步。

在未来的生态保护与恢复工作中，我们应继续深化对这些目标和原则的理解和实践，还应不断创新工作思路和方法，加强国际合作与交流，共同应对全球生态环境挑战。通过全社会的共同努力，我们一定能够实现生态保护与恢复的宏伟目标，为构建美丽中国、美丽世界做出积极贡献。

三、生态保护与恢复的技术与方法

（一）概述

生态保护与恢复是维护地球生态平衡、促进可持续发展的关键举措。随着人类活动的不断扩展，生态环境面临着日益严重的挑战，因此，采用科学有效的技术与方法进行生态保护与恢复显得尤为重要。本文将详细介绍生态保护与恢复的一些常用技术与方法，并探讨其在实际应用中的效果与挑战。

（二）生态保护技术与方法

1.生物多样性保护技术

生物多样性保护是生态保护的核心内容之一。通过建立自然保护区、实施物种保护计划、加强栖息地保护等措施，可以有效保护珍稀濒危物种和生态系统的完整性。同时，利用生物技术手段，如基因库建设、遗传资源保护等，进一步加强对生物多样性的保护。

2.生态系统保护与修复技术

针对受损的生态系统，可以采用生态系统修复技术进行恢复。这包括土壤修复、水体净化、植被恢复等措施。通过改善土壤结构、提高水质以及增加植被覆盖度，可以逐渐恢复生态系统的结构和功能，提高生态系统的稳定性和自我修复能力。

3.污染防治与减排技术

污染防治是生态保护的重要手段。通过采用先进的污染治理技术，如废水处理、废气治理、固体废物处理等，可以有效减少污染物的排放，降低对环境的破坏。同时，推广清洁能源、提高能源利用效率等减排措施，也是减少环境污染的有效途径。

（三）生态恢复技术与方法

1.生态工程技术

生态工程技术是生态恢复的重要手段之一，即运用生态学原理，通过人工设计和建设生态系统来实现生态系统的恢复和重建。例如，湿地修复、河岸带修复等工程，可以有效改善水环境，提高生态系统的服务功能。

2.植被恢复技术

植被是生态系统的重要组成部分，对维持生态平衡具有关键作用。植被恢复技术包括植树造林、草地恢复、退化土地治理等。通过选择合适的树种和草种，再采用科学的种植和管理方法，可以逐步恢复植被覆盖，提高土地生产力。

3.土壤修复技术

土壤污染和退化是生态恢复的重要问题。土壤修复技术包括物理修复、化学修复和生物修复等方法。通过去除污染物、改善土壤结构、提高土壤肥力等措施，可以恢复土壤的生态功能，为植被恢复和生态系统重建提供基础。

（四）技术应用中的挑战与对策

尽管生态保护和恢复技术与方法已经取得了显著进展，但在实际应用中仍面临一些挑战。首先，技术成本较高，限制了其在一些地区的推广应用。因此，需要加大研发投入，降低技术成本，提高技术的普及率。其次，技术应用需要充分考虑当地生态环境和社会经济状况，制定切实可行的并且符合当地的技术方案。再次，加强公众对生态保护与恢复的认识和参与度也是至关重要的。

针对这些挑战，我们可以采取以下对策：一是加强政策引导和支持，鼓励企业和个人参与到生态保护与恢复工作当中；二是加强技术研发和创新，推动生态保护与恢复技术的不断进步；三是加强宣传教育，提高公众对生态保护与恢复的认识和参与度；四是加强国际合作与交流，借鉴国外先进经验和技术手段，共同推动全球生态环境的保护与恢复。

生态保护与恢复是一项长期而艰巨的任务，需要综合运用多种技术与方法。通过加强生物多样性保护、生态系统保护与修复、污染防治与减排等措施，可以有效保护生态环境，促进可持续发展。同时，生态工程技术、植被恢复技术、土壤修复技术等生态恢复技术的应用也为受损生态系统的恢复和重建提供了有力支持。面对技术应用中的挑战，我们需要采取相应对策，加强政策支持、技术研发、宣传教育和国际合作等方面的工作，共同推动生态保护与恢复事业的不断发展。

在未来的生态保护与恢复工作中，我们应继续关注新技术和新方法的研发与应用，不断提升技术水平和应用能力。同时，我们还应加强生态保护与恢复工作的监测与评估，确保各项措施的有效性和可持续性。通过全社会的共同努力和持续创新，我们一定能够实现生态环境的良好保护与恢复，为子孙后代留下一个美丽宜居的家园。

第三章　建筑工程施工研究

第一节　建筑工程施工的基本流程

一、施工前准备与计划

（一）概述

任何一项工程项目的成功实施，都离不开施工前的充分准备与周密计划。施工前准备与计划是确保工程顺利进行、保障工程质量和安全的重要前提。本文将从施工前准备的重要性、准备工作内容、计划制定及其实施等方面展开论述，以期为工程项目的顺利推进提供有益的参考。

（二）施工前准备的重要性

施工前准备是工程项目实施的关键环节，它直接关系到工程的顺利进行和最终质量。充分的施工前准备可以确保工程所需的材料、设备、人员等资源得到及时有效的配置，避免施工过程中的资源浪费和工期延误。同时，通过细致的施工前准备，可以预先识别和评估潜在的施工风险，并制定相应的风险应对措施，从而保障工程的安全实施。

（三）施工前准备工作内容

1. 现场勘察与调研

施工前，需要对施工现场进行详细的勘察与调研，充分了解施工现场的地形地貌、地质条件、气象状况等自然环境因素，以及周边交通、水源、电力等基础设施情况。这些信息将为后续的施工方案制定、材料选择、设备配置等提供依据。

2. 施工方案制定

根据现场勘察与调研结果，结合工程特点和要求，制定切实可行的施工方案。施工方案应包括工程总体布局、施工顺序、施工方法、技术措施等内容，确保施工过程的合理性和高效性。

3. 材料与设备准备

根据施工方案，提前采购所需的工程材料，并确保材料质量符合相关标准和要求。同时，对所需的施工设备进行检查和调试，确保设备性能良好、安全可靠。对于特殊设备，还需提前进行培训和操作演练，确保施工人员能够熟练操作。

4. 人员组织与管理

施工前，需组建施工队伍，并进行人员分工和职责明确。同时，对施工人员进行必要的培训和安全教育，以提高他们的安全意识和操作技能。此外，还需建立完善的施工管理制度和考核机制，确保施工过程的规范化和高效化。

5. 安全与环保措施制定

针对施工过程中可能出现的安全和环保问题，应预先制定出相应的预防和应对措施。这包括制定安全操作规程、设置安全警示标志、配备安全防护设施等；同时，还需制定环保方案，确保施工过程中的废弃物处理、噪声控制、扬尘防治等符合环保要求。

（四）计划制定与实施

1. 施工进度计划

根据工程规模和施工难度，制定合理的施工进度计划。计划应明确各阶段的任务目标、时间节点和资源需求，确保工程按期完成。同时，还需建立进度监控机制，及时跟踪和调整计划执行情况。

2. 质量控制计划

制定详细的质量控制计划，明确各环节的质量标准和验收要求。通过设立质量检查点、实施质量抽检等措施，以确保工程质量符合设计要求和相关标准。此外，还需建立质量追溯机制，对质量问题进行及时分析和处理。

3. 成本控制计划

根据工程预算和施工进度，制定成本控制计划。通过合理控制材料消耗、设备使用和维护成本等措施，可以降低工程成本。同时，加强财务管理和审计监督，确保资金使用合规有效。

4. 沟通与协调机制建立

施工前，需建立有效的沟通与协调机制，确保各参建单位之间的信息畅通和协作顺畅。通过定期召开会议、建立信息共享平台等方式，加强各方之间的沟通与合作，共同推动工程的顺利实施。

施工前准备与计划是工程项目实施的重要环节，它直接关系到工程的顺利进行和最终质量。通过充分的施工前准备和周密的计划制定与实施，可以确保工程所需资源的合理配置、施工风险的有效应对以及施工过程的规范化和高效化。未来，随着工程项目规模的不断扩大和复杂性的增加，对施工前准备与计划的要求也将越来越高。因此，我们需要不断加强施工前准备与计划的研究和实践，不断提高工程项目的管理水平和实施效果。

在施工前准备与计划的过程中，我们还应注重创新与应用新技术、新方法，以提高工作效率和质量。同时，加强与其他行业的交流与合作，借鉴其先进经验和技术手段，共同推动工程施工领域的进步与发展。

此外，随着大众环保意识的日益增强，我们在施工前准备与计划中还需更加注重环保措施的制定与实施。通过采用环保材料、推广绿色施工技术等措施，降低工程施工对环境的影响，实现可持续发展。

总之，施工前准备与计划是工程项目实施的关键环节，我们需要给予足够的重视和投入。通过不断的研究和实践，我们才可以不断提高工程施工的管理水平和实施效果，为社会的发展和进步做出更大的贡献。

二、施工过程管理

（一）概述

施工过程管理是工程项目实施的核心环节，它涉及工程的进度、质量、成本和安全等多个方面。有效的施工过程管理能够确保工程按计划顺利进行，提高工程质量，降低工程成本，保障工程安全。本文将从施工过程管理的重要性、管理内容、管理方法和措施等方面展开论述，以期为工程项目的顺利实施提供有益的参考。

（二）施工过程管理的重要性

施工过程管理对于工程项目的成功实施至关重要。首先，它直接关系到工程的进度和完成时间。通过科学的管理，可以合理安排施工顺序，优化施工流程，提高施工效率，确保工程按时完工。其次，施工过程管理对于工程质量具有重要影响。通过严格的质量控制和质量检查，可以及时发现和纠正施工中的问题，确保工程质量符合设计要求和相关标准。再次，施工过程管理还有助于降低工程成本，提高经济效益。通过合理控制材料消耗、设备使用和维护成本等，可以减少不必要的浪费，从而降低工程成本。

（三）施工过程管理内容

1. 进度管理

进度管理是施工过程管理的核心内容之一。它涉及施工计划的制定、进度控制以及进度调整等方面。首先，根据工程特点和要求，制定合理的施工计划，明确各阶段的任务目标和时间节点。其次，在施工过程中，通过现场监控和数据分析，实时掌握工程进度，能够及时发现和解决进度延误问题。最后，根据实际情况对进度计划进行适时调整，确保工程按期完成。

2. 质量管理

质量管理是施工过程管理的关键环节。它要求在施工过程中，必须严格按照设计要求和相关标准进行施工，以确保工程质量达到预定目标。为此，需要建立完善的质量管理体系，制定详细的质量检查计划和验收标准。同时，加强施工现场的质量监控和检查，对发现的质量问题及时进行处理和整改。

3. 成本管理

成本管理是施工过程管理的重要组成部分。它涉及工程预算的制定、成本控制、成本分析等方面。在施工过程中，需要严格控制材料消耗、设备使用和维护成本等，避免不必要的浪费。同时，还需加强财务管理和审计监督，确保资金使用合规和有效。通过成本分析和比较，可以及时发现和解决成本超支问题，提高工程经济效益。

4. 安全管理

安全管理是施工过程管理的重中之重。它要求在施工过程中，严格遵守安全操作规程和安全标准，以确保施工人员的安全和健康。为此，需要建立完善的安全管理体系，制定详细的安全管理制度和应急预案。同时，加强施工现场的安全监控和检查，及时发现和消除安全隐患。通过安全教育和培训，提高施工人员的安全意识和操作技能。

（四）施工过程管理方法与措施

1. 制定科学合理的施工方案

施工方案是施工过程管理的基础。在制定施工方案时，应充分考虑工程特点、施工条件、技术要求等因素，确保方案的可行性和经济性。同时，不断对施工方案进行优化和改进，提高施工效率和质量。

2. 加强现场管理与协调

施工现场是施工过程管理的重点区域。应建立完善的现场管理制度和协调机制，确保施工现场的秩序和效率。加强现场人员的培训和管理，提高他们的专业素养和操作水平。同时，加强与各参建单位的沟通与协调，形成合力，共同推动工程的顺利实施。

3. 采用先进的施工技术和设备

先进的施工技术和设备是提高施工过程管理水平的重要手段。应积极引进和推广新技术、新设备，提高施工效率和质量。同时，加强对施工技术和设备的研究和开发，推动施工技术的创新和发展。

4. 建立信息化管理系统

信息化管理系统是提高施工过程管理效率的有效途径。通过建立信息化管理系统，可以实现对施工进度、质量、成本等信息的实时监控和分析，为管理决策提供有力支持。同时，加强信息系统的维护和更新，以确保信息的准确性和时效性。

施工过程管理是工程项目实施的关键环节，它涉及工程的进度、质量、成本和安全等多个方面。通过制定科学合理的施工方案、加强现场管理与协调、采用先进的施工技术和设备以及建立信息化管理系统等措施，可以有效提高施工过程管理水平，确保工程的顺利实施。

随着科技的进步和工程领域的不断发展，施工过程管理将面临更多的挑战和机遇。未来，我们需要进一步加强施工过程管理的研究和实践，不断创新管理方法和手段，提高管理效率和水平。同时，加强与其他行业的交流与合作，借鉴先进经验和技术手段，共同推动施工过程管理的发展与进步。

总之，施工过程管理是工程项目成功实施的重要保障。只有不断加强施工过程管理的研究和实践，才能不断提高工程项目的管理水平和实施效果，为社会的发展和进步做出更大贡献。

三、施工后期验收与交付

（一）概述

施工后期验收与交付是工程项目建设的最后阶段，也是确保工程质量和安全的重要环节。这一阶段涉及对已完成工程的全面检查、评估，以及最终将工程交付给业主或使用单位。通过严格的验收程序和规范的交付流程，可以确保工程达到预期的质量标准，保障业主或使用单位的利益，为工程的长期稳定运行奠定坚实基础。本文将详细探讨施工后期验收与交付的各个环节和注意事项，以期为工程项目的顺利实施提供有益的参考。

（二）施工后期验收

1. 验收准备

在施工后期验收开始前，应做好充分的准备工作。首先，成立专门的验收小组，明确验收人员的职责和分工。其次，制定详细的验收计划和方案，明确验收的范围、标准和方法。再次，准备好必需的验收工具和设备，确保验收工作的顺利进行。

2. 外观检查

外观检查是施工后期验收的第一步，主要检查工程的外观质量、尺寸偏差、颜色一致性等方面。验收人员应严格根据设计要求和相关标准进行检查，对发现的问题进行记录并提出整改意见。

3. 功能测试

功能测试是验收的重要环节，主要测试工程的各项功能是否能正常运行。验收人员应根据设计要求和使用需求，对工程的各项功能进行逐一测试，确保其功能完好、稳定可靠。对于发现的问题，应及时进行整改，并重新进行测试，直至满足要求。

4.质量检测

质量检测是验收的核心环节，主要对工程的各项质量指标进行检测。验收人员应按照国家相关标准和设计要求，对工程的材料、构件、结构等进行检测，确保其符合质量要求。对于不合格的工程部分，应提出整改要求和建议，并监督整改过程，直至达到质量标准。

5.验收记录与报告

验收过程中，验收人员应详细记录验收情况，包括检查的内容、发现的问题、整改情况等。验收结束后，应编写验收报告，对验收结果进行总结和评价，并提出相应的建议。验收报告应真实、准确、完整地反映验收情况，为后续的交付工作提供依据。

（三）施工后期交付

1.交付准备

在交付前，施工单位应做好充分的准备工作。首先，对已完成工程进行全面清理和整理，保证工程现场整洁有序。其次，准备好相关的竣工资料、技术文件等，以便交付给业主或使用单位。再次，与业主或使用单位进行充分沟通，明确交付的时间、地点和方式等细节。

2.交付程序

交付程序应规范、严谨，确保双方权益得到保障。首先，由施工单位向业主或使用单位提交竣工报告和相关资料。其次，业主或使用单位组织人员对工程进行验收，确认工程符合设计要求和质量标准，在验收合格后，双方签订交付协议，明确工程的归属、保修期限等事项。最后，施工单位将工程正式交付给业主或使用单位，并办理相关手续。

3.保修与维护

交付后，施工单位应按照国家相关法规和合同约定，承担一定的保修责任。在保修期内，如工程出现质量问题或损坏情况，施工单位应及时进行维修和更换。同时，施工单位还应提供必要的维护指导和建议，帮助业主或使用单位更好地管理和使用工程。

（四）注意事项

验收与交付应严格按照合同和相关法规进行，确保双方权益得到保障。

验收过程中应客观公正、实事求是，不得隐瞒或歪曲事实。

对于验收中发现的问题，应及时整改并重新验收，确保工程质量符合要求。

交付前应确保工程现场整洁有序，相关资料齐全完整。

交付后应做好保修和维护工作，确保工程的长期稳定运行。

施工后期验收与交付是工程项目建设的关键环节，对于确保工程质量和安全具有重要意义。通过严格的验收程序和规范的交付流程，可以保障业主或使用单位的利益，提高工程项目的整体效益。未来，随着科技的不断进步和工程领域的持续发展，施工后期验收与交付将面临更多的挑战和机遇。我们应进一步加强研究和实践，不断创新验收和交付的方法和手段，提升工程项目的质量和效益，为社会的发展和进步做出更大的贡献。

同时，我们也应关注新兴技术在施工后期验收与交付中的应用，如智能化、数字化等技术的引入，将有助于提高验收的准确性和效率，优化交付的流程和服务。此外，加强与国际先进经验的交流和学习，也是提升我国施工后期验收与交付水平的重要途径。

综上所述，施工后期验收与交付是工程项目建设不可或缺的一环，我们应给予足够的重视和投入，确保其规范、有序地进行，为工程项目的成功实施和长期稳定运行奠定坚实基础。

第二节　施工管理与协调

一、施工组织与管理原则

（一）概述

施工组织与管理是工程项目实施过程中不可或缺的一环，它涉及工程的规划、组织、指挥、协调和控制等方面，对于保证工程的顺利进行和高效完成具有重要意义。在施工过程中，遵循一定的组织与管理原则，能够确保施工活动的有序开展，提高施工效率，降低施工成本，实现工程建设的目标。本章节将详细探讨施工组织与管理的原则，以期为工程项目的实施提供有益的参考。

（二）施工组织与管理原则概述

施工组织与管理原则是指在工程项目实施过程中，为确保施工活动的有序、高效进行而遵循的一系列基本准则，这些原则体现了施工组织与管理的核心理念和基本要求，对于指导施工实践、优化资源配置、提高施工效率具有重要意义。

（三）施工组织与管理的主要原则

1. 科学性原则

施工组织与管理应遵循科学性原则，即运用科学的方法和手段进行组织与管理。这包括制定科学的施工方案、采用先进的施工技术、合理安排施工进度、优化资源配置等。通过科学的组织与管理，可以提高施工效率，降低施工成本，保证工程质量。

2. 系统性原则

施工组织与管理应注重系统性原则，即将工程项目视为一个整体系统，从全局出发进行组织与管理。这要求在施工过程中，充分考虑各个环节之间的联系和影响，协调各方利益，确保整个系统的协调运转。通过系统性的组织与管理，可以实现资源的优化配置，提高施工效率，降低工程风险。

3. 灵活性原则

施工组织与管理应遵循灵活性原则，即根据工程实际情况和变化及时调整组织与管理策略。在施工过程中，可能会遇到各种不可预见的情况和问题，如设计变更、材料供应不足等。因此，施工组织与管理应具备一定的灵活性，能够根据实际情况进行快速响应和调整，确保施工的顺利进行。

4. 经济性原则

施工组织与管理应注重经济性原则，即在保证工程质量的前提下，尽可能降低施工成本。这要求在施工过程中，合理控制材料消耗、设备使用、人工费用等成本支出，提高资源利用效率。同时，还应加强财务管理和成本控制，保证施工活动的经济效益。

5. 安全性原则

施工组织与管理应遵循安全性原则，即将安全放在首要位置，确保施工活动的安全进行，这要求在施工过程中，严格遵守安全操作规程和安全标准，加强施工现场的安全管理和监督，及时发现和消除安全隐患。同时，还应加强施工人员的安全教育和培训，提高他们的安全意识和操作技能。

（四）施工组织与管理的实践应用

在施工组织与管理过程中，应将这些原则贯穿于施工全过程，确保施工活动的有序、高效进行。具体来说，可以从以下几个方面进行实践应用：

制定详细的施工方案和施工计划，明确施工任务、目标和时间节点，确保施工活动的有序进行。

加强施工现场的协调和管理，确保各个环节之间的顺畅衔接和高效配合。

引入先进的施工技术和设备，提高施工效率和质量。

加强成本控制和财务管理，确保施工活动的经济效益。

加强安全管理和监督，确保施工活动的安全进行。

施工组织与管理原则是工程项目实施过程中必须遵循的基本准则。通过遵循科学性、系统性、灵活性、经济性和安全性等原则，可以确保施工活动的有序、高效进行，提高施工效率和质量，降低施工成本，实现工程建设的目标。

未来，随着科技的不断进步和工程领域的持续发展，施工组织与管理将面临更多的挑战和机遇。我们应进一步加强研究和实践，不断探索新的组织与管理方法和手段，以适应不断变化的市场需求和工程环境。同时，还应加强与国际先进经验的交流和学习，借鉴其成功经验和技术手段，推动我国施工组织与管理水平的不断提升。

综上所述，施工组织与管理原则是工程项目实施的重要保障和基础。只有遵循这些原则，才能确保施工活动的有序、高效进行，实现工程建设的目标。所以，我们应给予足够的重视和关注，不断加强施工组织与管理的研究和实践，为工程项目的顺利实施和高效完成提供有力支持。

二、施工资源的配置与优化

（一）概述

施工资源的配置与优化是工程项目管理的核心内容之一，它直接关系到工程建设的效率、质量和成本。合理配置和优化施工资源，能够确保工程建设的顺利进行，提高施工效率，减少施工成本，实现工程建设的经济效益和社会效益。本文将详细探讨施工资源的配置与优化问题，以期为工程项目管理提供有益的参考。

（二）施工资源的分类与特点

施工资源主要包括人力资源、物资资源、技术资源和资金资源等。这些资源在工程项目中发挥着不同的作用，具有各自的特点。

人力资源：包括施工人员、管理人员和技术人员等。人力资源是施工活动的基础，其数量和质量直接影响到施工效率和质量。

物资资源：包括施工所需的各种材料、设备、工具等。物资资源的供应和保障是施工活动顺利进行的关键。

技术资源：包括施工技术、管理经验、工艺流程等。技术资源的水平直接决定施工效率和工程质量。

资金资源：是施工活动的经济支撑，包括工程投资、施工费用等。资金资源的合理配置和使用对于保障施工活动的顺利进行具有重要意义。

（三）施工资源配置的原则

在施工资源配置过程中，应遵循以下原则：

适应性原则：施工资源的配置应适应工程项目的特点和需求，确保资源的数量和质量能够满足施工要求。

均衡性原则：施工资源的配置应保持均衡，避免资源的浪费和短缺，确保施工活动的连续性和稳定性。

经济性原则：施工资源的配置应更加注重经济效益，力求以最小的成本获得最大的效益。

灵活性原则：施工资源的配置应具备一定的灵活性，能够结合实际情况进行调整和优化，以适应施工过程中的变化。

（四）施工资源的优化策略

施工资源的优化是实现工程建设目标的关键，以下是一些具体的优化策略：

人力资源优化：通过合理配置施工人员、提高施工技能和管理水平、实施激励机制等措施，优化人力资源的使用。同时，加强人员的培训和教育，提高施工队伍的整体素质。

物资资源优化：建立完善的物资管理制度，确保物资的及时供应和质量保障。采用先进的物流管理技术，优化物资运输和储存流程，降低物流成本。此外，通过合理规划和安排施工进度，减少物资浪费和闲置现象。

技术资源优化：引进和应用先进的施工技术和设备，提高施工效率和质量。加强技术创新和研发，推动施工技术的升级和改造。同时，加强技术交流和合作，共享技术资源，提高行业整体水平。

资金资源优化：制定合理的资金使用计划，保证资金使用的科学性和有效性。加强财务管理和成本控制，降低施工成本。通过优化资金结构、提高资金使用效率等措施，实现资金资源的优化配置。

（五）施工资源配置与优化的实践应用

在施工实践中，应根据工程项目的实际情况和需求，综合运用上述优化策略，实现施工资源的合理配置和优化。以下是一些实践应用的建议：

制定详细的施工资源配置计划，明确各类资源的数量、质量和使用时间，确保资源的供应和保障。

加强施工现场的协调和管理，确保各类资源的有效利用和共享。通过优化施工组织和调度，提高资源的利用效率。

引入信息化管理手段，建立施工资源管理系统，实现资源的实时监控和动态调整。通过数据分析和预测，为资源配置和优化提供科学依据。

加强与供应商、承包商等相关方的合作与沟通，建立稳定的合作关系，确保资源的稳定供应和质量保障。

施工资源的配置与优化是工程项目管理的重要内容，对于提高施工效率、降低成本、保障工程质量具有重要意义，通过遵循适应性、均衡性、经济性和灵活性等原则，采用人力资源、物资资源、技术资源和资金资源等方面的优化策略，可以实现施工资源的合理配置和优化。

未来，随着科技的不断进步和工程领域的持续发展，施工资源的配置与优化将面临更多的挑战和机遇。我们应进一步加强研究和实践，探索新的优化方法和手段，以适应不断变化的市场需求和工程环境。同时，还应加强与国际先进经验的交流和学习，借鉴其成功经验和技术手段，促进我国施工资源配置与优化水平的不断提升。

综上所述，施工资源的配置与优化是工程项目管理的重要环节，需要我们不断探索和创新。只有不断优化资源配置，才能确保工程建设的顺利进行，实现工程建设的经济效益和社会效益。

三、施工各方的协调与合作

（一）概述

在工程项目实施过程中，施工各方的协调与合作是确保工程顺利进行和高效完成的关键因素。施工各方包括业主、设计方、施工方、监理方等，他们在工程项目中扮演着不同的角色，具有各自的职责和利益诉求。因此，如何有效协调各方关系，加强合作，形成合力，是工程项目管理中亟待解决的问题。本文将详细探讨施工各方的协调与合作问题，以期为工程项目管理提供有益的参考。

（二）施工各方的角色与职责

在工程项目中，施工各方扮演着不同的角色，承担着各自的职责。业主是工程项目的投资主体，负责项目的整体策划、资金筹措和监督管理；设计方负责项目的规划设计和方案制定，为施工提供技术指导和支持；施工方是项目建设的具体实施者，负责按照设计方案进行施工，保证工程质量和进度；监理方则负责对施工过程进行监督和检查，确保施工活动符合规范和要求。

（三）施工各方协调与合作的重要性

施工各方的协调与合作对于工程项目的顺利实施具有重要意义。首先，协调与合作有助于形成合力，共同应对工程项目中遇到的困难和挑战。各方通过有效沟通和协作，能够共同制定解决方案，提高解决问题的效率。其次，协调与合作有助于优化资源配置，提高施工效率。各方在资源使用上可以相互补充和协调，避免资源浪费和冲突，实现资源的最大化利用。最后，协调与合作有助于提升工程质量，确保项目的成功实施。各方在质量控制、安全管理等方面加强合作，能够共同确保工程质量的稳定和可靠。

（四）施工各方协调与合作的主要策略

为了实现施工各方的有效协调与合作，可以采取以下策略：

建立有效的沟通机制：各方应建立定期沟通机制，及时交流项目进展、问题和需求，确保信息的畅通和准确。同时，还可以利用现代信息技术手段，如项目管理软件、视频会议等，提高沟通效率和效果。

明确责任分工和利益共享机制：各方应明确各自的责任和分工，避免职责不清和推诿扯皮现象的出现。同时，还应建立合理的利益共享机制，确保各方在工程项目中能够获得合理的回报和收益。

加强团队建设和协作能力：各方应注重团队建设和协作能力的培养，提高团队成员的素质和能力水平。通过加强团队建设，可以增强团队的凝聚力和向心力，提高团队的协作效率和执行力。

制定统一的管理制度和规范：各方应共同制定统一的管理制度和规范，明确工作流程和标准，确保施工活动的有序进行。同时，还应加强制度的执行和监督，确保各项规定得到有效落实。

（五）施工各方协调与合作的实践应用

在实际工程项目中，施工各方的协调与合作可以通过以下方式进行实践应用：

在项目启动阶段，各方应共同制定项目计划和目标，明确各自的任务和职责。通过共同讨论和协商，形成统一的项目实施方案和策略。

在施工过程中，各方应加强现场协调和沟通，及时解决施工中遇到的问题和困难。同时，还应加强安全管理和质量控制，保证施工活动的安全和稳定。

在项目验收和交付阶段，各方应共同进行验收和评估工作，确保工程质量和交付标准的达成。同时，还应做好项目总结和反思工作，为今后的工程项目提供经验和借鉴。

施工各方的协调与合作是工程项目管理中不可或缺的一环。通过建立有效的沟通机制、明确责任分工和利益共享机制、加强团队建设和协作能力以及制定统一的管理制度和规范等策略，可以实现施工各方的有效协调与合作。这些实践应用不仅有助于工程项目的顺利实施和高效完成，还能够提高工程质量、降低成本、增强项目团队的凝聚力和执行力。

未来，随着工程项目规模的不断扩大和复杂性的增加，施工各方的协调与合作将面临更多的挑战和机遇。因此，我们需要继续加强研究和探索，不断完善协调与合作机制和方法，以适应不断变化的市场需求和工程环境。同时，还应加强与国际先进经验的交流和学习，借鉴其成功经验和技术手段，促进我国施工各方协调与合作水平的不断提升。

综上所述，施工各方的协调与合作是确保工程项目顺利进行和高效完成的关键因素。只有加强各方之间的沟通和协作，形成合力，才能共同应对工程项目中的挑战和困难，实现工程建设的目标。

第三节 施工安全与风险管理

一、施工安全管理制度与措施

（一）概述

施工安全是工程项目实施过程中至关重要的环节，它直接关系到施工人员的人身安全、工程质量以及项目的经济效益和社会效益。为了保障施工安全，必须建立一套完善的施工安全管理制度和措施，保证施工活动的安全、高效进行。本章节将详细探讨施工安全管理制度与措施的相关内容，以期为工程项目管理提供有益的参考。

（二）施工安全管理制度的重要性

施工安全管理制度是保障施工安全的基石，它规范了施工过程中的各项安全管理工作，为施工活动的顺利进行提供了有力保障。具体而言，施工安全管理制度的重要性主要体现在以下几个方面：

提高安全意识：通过制定和执行施工安全管理制度，可以加强施工人员对安全生产的认识和重视程度，提高安全意识，减少人为因素导致的安全事故。

规范施工行为：施工安全管理制度对施工过程中的各项操作进行了明确规定，施工人员必须按照制度要求进行作业，从而规范施工行为，降低安全风险。

强化责任落实：施工安全管理制度明确了各级管理人员和施工人员的安全职责，有助于强化责任落实，确保各项安全措施得到有效执行。

提高施工效率：通过优化施工流程、加强安全监管等措施，施工安全管理制度有助于提高施工效率，降低施工成本，实现工程项目的经济效益和社会效益。

（三）施工安全管理制度的主要内容

施工安全管理制度应涵盖施工过程中的各个环节和方面，确保安全管理的全面性和有效性。以下是一些主要的施工安全管理制度内容：

安全教育培训制度：对施工人员进行定期的安全教育培训，提升他们的安全意识和技能水平。培训内容应包括安全操作规程、应急处理措施等。

安全检查制度：定期对施工现场进行安全检查，发现潜在的安全隐患并及时整改。检查内容应包括施工设备、临时设施、消防器材等。

安全例会制度：定期召开安全例会，总结施工过程中的安全情况，分析存在的问题并制定改进措施。同时，还可以分享安全管理的经验和教训。

安全奖惩制度：对在施工中表现突出的个人或团队进行表彰和奖励，对违反安全规定的行为进行处罚和纠正。这有助于激发施工人员的安全意识和积极性。

应急预案制度：制定针对各种可能出现的紧急情况的应急预案，包括火灾、坍塌、触电等。预案应明确应急组织、救援措施和通信方式等。

（四）施工安全管理的具体措施

除了创建完善的施工安全管理制度外，还需要采取一系列具体的安全管理措施，以确保施工活动的安全进行。以下是一些主要的措施：

加强现场安全管理：设置明显的安全警示标志，划定安全区域，确保施工人员和设备的安全。同时，加强现场巡逻和监控，及时发现和处理安全隐患。

严格施工设备管理：对施工设备进行定期检查和维护，确保其正常运行和安全使用。对于存在安全隐患的设备，应及时停用并进行维修或更换。

落实安全防护措施：结合施工特点和需求，采取相应的安全防护措施，如设置安全网、安装防护栏等。同时，为施工人员配备必要的劳动保护用品，确保他们的身体健康和安全。

强化施工用电管理：严格执行施工用电安全规定，确保用电设备的安全使用。对于临时用电设施，应进行定期检查和维护，防止漏电、触电等事故的发生。

提高应急处理能力：加强应急演练和培训，提高施工人员应对突发事件的能力。同时，建立完善的应急通信网络，确保在紧急情况下能够及时联系和协调各方力量进行救援。

施工安全管理制度与措施是保证施工安全的重要保障。通过建立完善的施工安全管理制度和采取具体的安全管理措施，我们可以有效地提高施工安全意识、规范施工行为、强化责任落实和提高施工效率。然而，施工安全管理工作仍面临诸多挑战和困难，需要我们不断探索和创新。

未来，随着科技的不断进步和工程管理理念的更新，施工安全管理制度与措施也将不断发展和完善。我们可以借助现代信息技术手段，如大数据、物联网等，来提升施工安全管理的智能化和精细化水平。同时，还应加强与国际先进经验的交流和学习，借鉴其成功经验和技术手段，推动我国施工安全管理水平的不断提升。

综上所述，施工安全管理制度与措施是确保工程项目安全施工的关键所在。我们应充分认识到其重要性，不断加强制度建设和管理创新，为施工活动的顺利进行提供有力保障。

二、施工风险评估与预防

（一）概述

在工程项目施工过程中，施工风险是不可避免的存在。施工风险的存在可能会导致人员伤亡、财产损失、工期延误等严重后果，所以，对施工风险进行评估和预防是工程项目管理中不可或缺的一环。本节旨在探讨施工风险评估与预防的重要性、方法以及实践应用，为工程项目管理提供有益的参考。

（二）施工风险评估的重要性

施工风险评估是对工程项目施工过程中可能遇到的各种风险进行识别、分析和评价的过程。其重要性主要体现在以下几个方面：

提前识别潜在风险：通过施工风险评估，可以在施工前及时发现和识别潜在的风险因素，为后续的风险预防和控制提供依据。

合理安排风险应对措施：风险评估有助于确定风险的性质、大小和可能发生的概率，从而帮助项目管理者制定合理的风险应对措施，减少风险发生的可能性。

优化资源配置：风险评估结果可以为项目管理者提供决策依据，帮助其根据风险大小和可能的影响程度，合理配置资源，保障项目的顺利进行。

提高项目管理水平：通过施工风险评估，可以促使项目管理者更加关注项目中的风险因素，增强风险意识和风险管理能力，从而提升整个项目的管理水平。

（三）施工风险评估的方法

施工风险评估的方法多种多样，常见的包括以下几种：

德尔菲法：通过邀请专家对施工风险进行评估和预测，结合专家的意见和建议，形成对施工风险的全面认识。

风险矩阵法：将风险因素根据可能性和影响程度进行分类和排序，形成风险矩阵，从而直观地展示各风险因素的相对大小和优先级。

故障树分析法：通过构建故障树，分析施工风险发生的原因和路径，找出关键风险因素，为风险预防和控制提供依据。

蒙特卡洛模拟法：利用计算机模拟技术，对施工过程中的风险因素进行随机抽样和模拟计算，以评估风险的可能性和影响程度。

（四）施工风险的预防措施

施工风险的预防是确保工程项目安全施工的关键环节。以下是一些主要的预防措施：

加强安全教育培训：定期对施工人员进行安全教育培训，提高他们的安全意识和技能水平，确保他们能够正确应对各种施工风险。

严格执行安全管理制度：建立健全的安全管理制度，明确各级管理人员和施工人员的安全职责，确保各项安全措施得到有效执行。

定期进行安全检查：定期对施工现场进行安全检查，发现潜在的安全隐患并及时整改，确保施工设备和临时设施的安全可靠。

加强现场监管和协调：加强现场监管和协调，确保各施工队伍之间的协作顺畅，避免因施工交叉作业等原因引发安全风险。

合理配置和使用安全防护设施：根据施工特点和需求，合理配置和使用安全防护设施，如安全网、防护栏等，为施工人员提供必要的保护。

（五）施工风险评估与预防的实践应用

在实际工程项目中，施工风险评估与预防的实践应用至关重要。以下是一些应用示例：

在项目启动阶段，对项目进行全面的风险评估，识别潜在的风险因素，并制定相应的预防措施，这有助于项目管理者在项目初期就建立起完善的风险管理体系。

在施工过程中，定期对施工风险进行评估和监测，及时发现和处理新的风险因素。同时，根据风险评估结果调整预防措施，确保风险管理的有效性。

在项目验收阶段，对施工风险进行总结和反思，分析风险发生的原因和预防措施的有效性，为今后的工程项目提供经验和借鉴。

施工风险评估与预防是工程项目管理中不可或缺的一环。通过科学的方法和有效的预防措施，我们可以提前识别潜在风险、合理安排风险应对措施、优化资源配置并提高项目管理水平。但是，施工风险评估与预防工作仍面临诸多挑战和困难，需要我们不断探索和创新。

未来，随着科技的进步和工程管理理念的更新，施工风险评估与预防工作也将不断发展和完善。我们可以借助现代信息技术手段，如大数据、人工智能等，提高风险评估的准确性和效率；同时，还可以加强与国际先进经验的交流和学习，借鉴其成功经验和技术手段，促进我国施工风险评估与预防水平的不断提升。

综上所述，施工风险评估与预防是确保工程项目安全施工的重要保障。我们应充分认识到其重要性，不断加强风险评估和预防工作的力度和深度，为工程项目的顺利进行提供有力保障。

三、应急处理与事故调查

（一）概述

在工程项目施工过程中，应急处理和事故调查是确保施工安全、维护工程质量和稳定生产秩序的重要环节。应急处理是指在突发事件或事故发生时，迅速采取有效措施，防止事态扩大，保障人员安全和减少财产损失。而事故调查则是对已经发生的事故进行深入分析，找出事故原因，总结经验教训，为今后的安全生产提供借鉴。本章节将对应急处理和事故调查的重要性、原则、流程以及改进措施进行详细探讨。

（二）应急处理的重要性与原则

1.应急处理的重要性

应急处理对于工程项目施工具有至关重要的意义。首先，它直接关系到施工人员的生命安全。在突发事件或事故发生时，快速、有效的应急处理能够最大限度地减少人员伤亡。其次，应急处理对于保护施工设备和财产安全同样重要。通过及时采取措施，可以防止设备损坏和财产损失进一步扩大。最后，应急处理还能够维护工程建设的稳定进行，避免因事故导致的工期延误和成本增加。

2.应急处理的原则

在进行应急处理时，应遵循以下原则：

快速反应：在事故发生后，应迅速启动应急预案，组织救援力量，尽快控制事态发展。

优先保障人员安全：在应急处理过程中，应始终把保障人员生命安全放在首位，采取一切必要措施防止人员伤亡。

有效协调：应急处理需要多部门、多单位协同作战，应确保信息畅通、指挥统一行动协调。

科学决策：在应急处理过程中，应结合事故性质、规模和影响程度，科学制定应对措施，确保决策的科学性和有效性。

（三）事故调查的流程与要点

1.事故调查的流程

事故调查应遵循一定的流程，以确保调查的客观性和准确性。一般而言，事故调查流程包括以下几个步骤：

成立调查组：由相关部门和专业人员组成调查组，负责事故调查工作。

现场勘查：对事故现场进行勘查，收集相关证据和资料，了解事故发生的具体情况。

证人询问：对事故相关人员进行询问，了解事故发生前后的经过和细节。

原因分析：根据收集到的证据和资料，综合分析事故发生的直接原因和间接原因。

制定改进措施：根据事故调查结果，制定相应的改进措施，防止类似事故再次发生。

撰写调查报告：将事故调查过程和结果整理成报告，上报相关部门和领导。

2.事故调查的要点

在进行事故调查时，应注意以下要点：

客观公正：事故调查应坚持客观公正的原则，避免主观臆断和偏见。

全面深入：事故调查应全面深入，既要关注事故的表面现象，也要深入剖析事故的内在原因。

突出重点：在调查过程中，应突出重点，抓住关键问题，避免陷入琐碎细节。

科学分析：事故调查应运用科学方法进行分析，确保分析结果的准确性和可靠性。

（四）应急处理与事故调查的改进措施

为了提高应急处理和事故调查的效果，需要采取以下改进措施：

1.加强应急预案的制定和演练

应根据工程项目的特点和实际情况，制定切实可行的应急预案，并定期组织演练。通过演练，可以发现预案中的不足之处，进一步完善预案内容，提高应急处理的效率和质量。

2.提高应急处理人员的素质和能力

应急处理人员是保障应急处理效果的关键因素，因此，应加强对应急处理人员的培训和教育，提高其应急处理能力和素质。同时，还应建立健全的激励机制，鼓励应急处理人员积极参与应急处理工作。

3.加强事故预防工作

事故预防是减少事故发生的根本措施。因此，应加强对工程项目施工过程的监管和管理，及时发现和消除安全隐患。同时，还应加强安全宣传教育，提高施工人员的安全意识和自我保护能力。

4.完善事故调查制度

应建立健全的事故调查制度，明确事故调查的程序和责任分工。同时，还应加强对事故调查工作的监督和管理，保证事故调查结果的客观性和准确性。对于事故调查中发现的问题，应及时制定改进措施并落实到位。

应急处理和事故调查是工程项目施工安全管理的重要环节。通过加强应急预案的制定和演练、提高应急处理人员的素质和能力、加强事故预防工作以及完善事故调查制度等措施，可以有效提高应急处理和事故调查的效果，保障施工安全、维护工程质量和稳定生产秩序。

未来，随着科技的不断进步和安全管理理念的不断更新，应急处理和事故调查工作也将面临新的挑战和机遇。我们应积极探索新的技术和方法，不断提高应急处理和事故调查的水平，为工程项目的安全施工提供更加坚实的保障。

第四节 现代施工技术与装备

一、新型施工技术的应用

（一）概述

随着科技的不断进步和建筑行业的快速发展，新型施工技术不断涌现，为工程项目施工带来了革命性的变革。新型施工技术的应用不仅提高了施工效率、缩短了工期，还降低了施工成本，提升了工程质量。本章节将对几种常见的新型施工技术进行介绍，分析其优势和应用前景，以期为工程项目施工提供有益的参考。

（二）新型施工技术的种类与特点

1.预制装配式建筑技术

预制装配式建筑技术是一种将建筑构件在工厂预制完成后，运输到施工现场进行组装的新型施工技术。该技术具有以下特点：

施工速度快：预制构件在工厂进行批量生产，不仅降低了现场施工的复杂性和不确定性，而且大大缩短了工期。

质量可控：工厂化生产能够确保构件的质量和精度，提高了整体建筑的稳定性和耐久性。

环保节能：预制装配式建筑技术减少了现场湿作业，降低了能耗和排放，符合绿色建筑的发展趋势。

2.BIM技术在施工中的应用

BIM（Building Information Modeling）技术是一种基于三维模型的信息化管理技术，其在施工中的应用具有以下优势：

协同设计：BIM技术可以实现各专业之间的协同设计，减少设计冲突，提高设计效率。

精确施工：通过BIM模型，可以精确模拟施工过程，提前发现潜在问题，优化施工方案。

信息化管理：BIM技术可以实现施工信息的集成化管理，提高项目管理的透明度和效率。

3.3D 打印技术在建筑领域的应用

3D 打印技术是一种快速成型技术，近年来在建筑领域得到了广泛关注和应用。其特点如下：

定制化施工：3D 打印技术可以根据项目需求定制建筑构件，满足个性化设计要求。

高效节能：3D 打印技术降低了材料浪费和运输成本，提高了施工效率。

创新设计：3D 打印技术为建筑设计师提供了更多的创新空间，可以创造出独特的建筑形态。

（三）新型施工技术的应用实例

1. 预制装配式建筑技术的应用实例

在某高层住宅项目中，采用了预制装配式建筑技术。通过工厂预制的外墙板、楼板等构件，在施工现场进行快速组装，大大缩短了工期，也提高了施工效率。同时，由于构件质量和精度的提高，整体建筑的稳定性和耐久性也得到了保障。

2.BIM 技术在施工中的应用实例

在某大型商业综合体项目中，BIM 技术得到了广泛应用。通过 BIM 模型，各专业团队实现了协同设计，减少了设计冲突。在施工过程中，利用 BIM 模型进行精确模拟和优化，提高了施工质量和效率。此外，BIM 技术还实现了施工信息的集成化管理，提高了项目管理的透明度和效率。

3.3D 打印技术在建筑领域的应用实例

在某景观工程中，采用 3D 打印技术制作了一些独特的景观构件。这些构件不仅具有个性化设计特点，而且在制作过程中减低了材料浪费和运输成本。此外，3D 打印技术还为景观设计师提供了更多的创新空间，使得整个景观工程更具艺术性和观赏性。

（四）新型施工技术的应用前景与挑战

1. 应用前景

随着科技的不断发展和建筑行业的转型升级，新型施工技术的应用前景十分广阔。未来，新型施工技术将更加注重绿色、环保、高效和智能化的发展方向，为建筑行业带来更多的创新和变革。同时，随着国家政策的大力支持和市场需求的增加，新型施工技术将在更多领域得到广泛应用。

2. 面临的挑战

尽管新型施工技术具有诸多优势和应用前景，但在实际应用过程中仍面临一些挑战。首先，新型施工技术的推广和应用需要大量的资金投入和技术支持，对于一些中小型企业和项目来说可能存在一定的难度。其次，新型施工技术的普及和接受程度还需要进一步提高，需要加强对相关技术和理念的宣传和培训。此外，新型施工技术在应用过程中还需要注意与现有施工技术和标准的衔接和融合，以确保施工质量和安全。

新型施工技术的应用为工程项目施工带来了革命性的变革，提高了施工效率和质量，降低了成本和能耗。随着科技的不断进步和建筑行业的转型升级，新型施工技术的应用前景十分广阔。然而，在实际应用过程中仍需要克服一些挑战和困难。因此，我们需要加强对新型施工技术的研究和推广，提高其在工程项目施工中的应用水平和普及程度，为建筑行业的可持续发展做出更大的贡献。

展望未来，新型施工技术将继续向绿色、环保、高效和智能化的方向发展，为建筑行业带来更多的创新和变革，同时，随着人工智能、物联网等技术的不断发展，新型施工技术将与这些先进技术相结合，实现更加智能化和自动化的施工过程，为工程项目的建设提供更加高效和可靠的保障。

二、智能化施工装备的使用

（一）概述

随着科技的飞速发展和信息化时代的到来，智能化施工装备在工程项目施工中的应用越来越广泛。智能化施工装备不仅提高了施工效率，减少了人力成本，还提升了施工质量和安全性。本章节将对智能化施工装备的种类、特点、优势及应用案例进行详细探讨，以期为工程项目施工提供有益的参考。

（二）智能化施工装备的种类与特点

智能化施工装备涵盖了多个领域，包括机械化施工设备、智能化管理系统以及自动化监控设备等。这些装备具有以下几个显著特点：

高度自动化：智能化施工装备通过先进的传感器、控制系统和执行机构，实现了对施工过程的自动化控制，减少了人工干预，提高了施工效率。

精准度高：智能化施工装备利用高精度传感器和定位技术，可以实现对施工位置的精确控制，提升了施工质量和精度。

安全可靠：智能化施工装备具备智能监测和预警功能，可以实时监测施工过程中的安全状况，能够及时发现并处理潜在的安全隐患，提高了施工安全性。

节能环保：智能化施工装备在设计和制造过程中充分考虑了环保因素，采用了节能技术，降低了能耗和排放，符合绿色施工的要求。

（三）智能化施工装备的优势分析

智能化施工装备的使用为工程项目施工带来了诸多优势：

提高施工效率：智能化施工装备可以实现自动化施工，减少了人工操作的时间和劳动力成本，提高了施工效率。

提升施工质量：智能化施工装备通过精确控制和监测，提高了施工质量和精度，降低了施工误差。

增强施工安全性：智能化施工装备具备智能监测和预警功能，可以及时发现并处理安全隐患，提高了施工安全性。

降低能耗和排放：智能化施工装备采用节能技术，降低了能耗和排放，有利于环保和可持续发展。

（四）智能化施工装备的应用案例

智能化挖掘机：在土方工程中，智能化挖掘机通过配备高精度传感器和控制系统，可以实现对挖掘深度和宽度的精确控制，提高了挖掘效率和质量。同时，其智能监测功能可以实时监测挖掘机的运行状况，预防故障发生，确保施工顺利进行。

自动化混凝土搅拌站：混凝土搅拌站通过引入智能化管理系统，实现了对原材料、配合比和搅拌过程的自动化控制。系统可以结合施工需求自动调整配合比，确保混凝土质量稳定。同时，自动化搅拌站还具备智能监测和预警功能，可以及时发现并解决生产过程中的问题，提高生产效率。

无人机巡检系统：在工程项目施工过程中，无人机巡检系统可以实现对施工现场的实时监控和巡检。无人机搭载高清摄像头和传感器，可以捕捉施工现场的详细情况，并将数据传输至后台进行分析处理，通过无人机巡检系统，项目管理人员可以及时了解施工现场的进度、质量和安全问题，为决策提供有力支持。

（五）智能化施工装备的未来发展趋势

随着科技的不断进步和应用领域的拓展，智能化施工装备的未来发展趋势将更加广阔和深入，其表现在以下几个方面：

高度集成化：未来的智能化施工装备将实现更高程度的集成化，将多种功能和技术融合在一起，形成具有更强综合性能的施工装备。

更加智能化：随着人工智能技术的不断发展，智能化施工装备将具备更强的自主学习和决策能力，能够更好地适应复杂多变的施工环境。

绿色化施工：未来智能化施工装备将更加重视环保和节能，采用更加环保的材料和技术，降低能耗和排放，实现绿色化施工。

协同化作业：未来的智能化施工装备将实现更加紧密的协同化作业，通过信息共享和协同控制，提高施工效率和质量。

智能化施工装备的使用为工程项目施工带来了革命性的变革，提高了施工效率和质量，降低了能耗和排放，增强了施工安全性。随着科技的不断进步和应用领域的拓展，智能化施工装备的未来发展趋势将更加广阔和深入。因此，我们应该积极推广和应用智能化施工装备，加强技术研发和人才培养，推动工程项目施工的智能化水平不断提升。同时，政府和企业也应该加大对智能化施工装备的投入和支持力度，为其发展提供更好的环境和条件。相信在不久的将来，智能化施工装备将成为工程项目施工的主流装备，为建筑行业的可持续发展做出更大的贡献。

三、技术创新与施工效率提升

（一）概述

随着科技的不断进步和应用领域的扩展，技术创新已成为推动社会进步的重要力量。在建筑行业，技术创新同样发挥着举足轻重的作用，特别是在提升施工效率方面。技术创新不仅改变了传统的施工方式，还提高了施工质量，减少了施工成本，为建筑行业的可持续发展注入了新的活力。本章节将从技术创新的角度探讨施工效率的提升，以期为建筑行业的发展提供有益的参考。

（二）技术创新在施工效率提升中的应用

技术创新在施工效率提升中的应用主要体现在以下几个方面：

1. 施工机械与设备的创新

随着机械制造技术的不断发展，施工机械与设备日益智能化、自动化。例如，智能化挖掘机、自动化混凝土搅拌站、无人机巡检系统等新型施工装备的应用，极大地提高了施工效率。这些设备通过精确的控制系统和传感器，实现了对施工过程的精确控制，减少了人工操作，降低了劳动强度，提升了施工速度和质量。

2. 施工材料与工艺的创新

新型建筑材料的研发和应用，为施工效率的提升提供了有力支持。例如，高性能混凝土、自密实混凝土等新型材料的出现，不仅提高了建筑物的耐久性和安全性，还简化了施工流程，缩短了工期。同时，新型施工工艺的研发，如预制装配式建筑技术、3D 打印建筑技术等，也极大地提高了施工效率，降低了施工成本。

3. 信息技术的应用

信息技术的快速发展为施工效率的提升提供了强大的技术支持。例如，BIM 技术（Building Information Modeling，建筑信息模型）的应用，实现了建筑设计的数字化、信息化，提高了设计的准确性和施工效率，在施工过程中，BIM 技术可以实现施工信息的集成化管理，优化施工方案，提高施工效率。此外，物联网技术、大数据技术等也在施工管理中得到了广泛应用，为施工效率的提升提供了有力保障。

（三）技术创新对施工效率提升的影响

技术创新对施工效率的提升产生了深远的影响，具体表现在以下几个方面：

1. 提高施工速度

技术创新使得施工机械与设备更加智能化、自动化，减少了人工操作的时间和劳动力成本，从而提高了施工速度。同时，新型建筑材料和施工工艺的应用，也简化了施工流程，缩短了工期。

2. 提升施工质量

技术创新通过精确控制施工过程，降低了施工误差，提高了施工质量。例如，BIM 技术的应用可以实现施工信息的精确传递和共享，避免了信息传递过程中的误差和遗漏，提高了施工质量的可控性。

3. 降低施工成本

技术创新通过优化施工方案、提高施工效率，降低了施工成本。新型施工机械与设备、建筑材料的研发和应用，不仅提高了施工效率，还降低了材料和设备的消耗，进一步降低了施工成本。

4. 增强施工安全性

技术创新使得施工过程更加智能化、自动化，降低了人工操作的风险，提高了施工安全性。同时，新型施工装备和监测技术的应用，可以实时监测施工过程中的安全状况，能够及时发现并处理安全隐患，确保施工过程的顺利进行。

（四）技术创新在施工效率提升中的挑战与对策

尽管技术创新为施工效率的提升带来了诸多优势，但在实际应用过程中仍面临一些挑战。针对这些挑战，我们可以采取以下对策：

1. 加强技术研发和人才培养

政府和企业应加大对建筑行业技术创新的投入力度，鼓励和支持科研机构、高校和企业开展技术研发和合作。同时，加强人才培养和引进，培养一批具有创新精神和实践能力的高素质人才，为技术创新提供有力的人才保障。

2. 推进标准化和规范化管理

建立和完善技术创新在施工效率提升中的标准和规范，推动技术创新成果的转化和应用。加强对施工过程的监管和管理，保证技术创新在施工过程中得到有效应用。

3. 强化信息安全和隐私保护

在信息技术应用过程中，要加强信息安全和隐私保护，防止施工信息泄露和滥用。建立健全信息安全管理制度和技术防范措施，确保施工信息的安全性和完整性。

技术创新是推动施工效率提升的关键因素之一，通过施工机械与设备的创新、施工材料与工艺的创新以及信息技术的应用，我们可以实现施工效率的大幅提升。然而，技术创新在施工效率提升中仍面临一些挑战，需要政府、企业和科研机构共同努力加以解决。

展望未来，随着科技的不断进步和应用领域的不断拓展，技术创新将在施工效率提升中发挥更加重要的作用。我们期待更多的创新成果在建筑行业中得到应用和推广，为建筑行业的可持续发展注入新的动力。同时，我们也应关注技术创新带来的新问题和新挑战，积极寻找解决方案，推动技术创新与施工效率提升的良性循环。

第五节　施工创新与可持续发展

一、绿色施工理念与实践

（一）概述

随着全球环境问题的日益严重，绿色施工理念逐渐在建筑行业中得到广泛关注和重视。绿色施工旨在通过采取环保措施和节能技术，减少施工活动对环境的影响，实现可持续发展。本章节将从绿色施工理念的内涵、实践方法以及面临的挑战与对策等方面进行探讨，以期为建筑行业的绿色发展提供有益的参考。

（二）绿色施工理念的内涵

绿色施工理念是指在建筑施工过程中，充分考虑环境保护、资源节约和可持续发展，通过采取一系列有效的措施和技术，降低施工活动对环境造成的负面影响，实现经济效益、社会效益和环境效益的协调统一。

具体来说，绿色施工理念包括以下几个方面：

环保优先：在施工过程中，优先考虑环境保护，减少对大气、水体、土壤等环境的污染。

资源节约：合理利用和节约资源，减少能源消耗和浪费，提高资源利用效率。

可持续发展：通过绿色施工，推动建筑行业的可持续发展，为子孙后代创造更好的生存环境。

（三）绿色施工的实践方法

1. 优化施工方案

在绿色施工过程中，首先要优化施工方案，减少对环境的影响，通过合理的施工组织和规划，降低施工噪音、粉尘和废水的排放。同时，选择环保性能良好的建筑材料和设备，减少施工过程中造成的污染。

2. 节能措施

节能是绿色施工的重要方面。在施工过程中，应充分利用太阳能、风能等可再生能源，减少对传统能源的依赖。同时，采用节能型施工机械和设备，提高能源利用效率。此外，还可以通过合理的施工时间安排，避免在高峰时段进行高能耗的施工活动。

3. 资源循环利用

资源循环利用是绿色施工的重要手段。在施工过程中，应加强对建筑废弃物的分类、回收和再利用，降低废弃物的排放。同时，推广使用可再生材料和循环材料，降低对自然资源的消耗。

4. 生态环境保护

在施工过程中，要注重对生态环境的保护。尽量避免对绿地、湿地等生态敏感区域的破坏，减少对野生动植物的影响。同时，采取生态补偿措施，修复因施工造成的生态破坏。

（四）绿色施工面临的挑战与对策

1. 技术挑战与对策

绿色施工需要借助先进的技术手段来实现。然而，当前部分施工企业和施工人员对绿色施工技术的掌握和应用还不够熟练。因此，需要加强技术研发和推广应用，提高绿色施工技术的普及率和应用水平。同时，加强施工人员的培训和教育，提升他们的环保意识和绿色施工技能。

2. 经济挑战与对策

绿色施工往往需要投入更多的资金和资源，对于一些经济实力较弱的施工企业来说，可能会面临较大的经济压力。为了解决这个问题，政府可以出台相关政策，对绿色施工给予一定的经济补贴和税收优惠。同时，鼓励企业之间的合作与交流，共同推动绿色施工的发展。

3. 社会认知挑战与对策

尽管绿色施工理念已经得到了广泛的关注，但在实际施工中，仍有一些企业和个人对绿色施工的重要性认识不足。因此，需要加强对绿色施工的宣传和教育，提高全社会的环保意识和绿色施工理念。同时，通过成功案例的展示和推广，让更多的人了解并接受绿色施工。

绿色施工理念与实践是建筑行业实现可持续发展的重要途径。通过优化施工方案、采取节能措施、资源循环利用以及生态环境保护等手段，我们可以有效降低施工活动对环境的影响，提高资源利用效率。但是，在绿色施工的实践过程中，我们仍面临着技术、经济和社会认知等方面的挑战。为了克服这些挑战，我们需要加强技术研发和推广应用、出台相关政策支持、加强宣传和教育等措施。

展望未来，随着科技的不断进步和社会对环保问题的日益关注，绿色施工理念将得到更广泛的应用和推广。我们期待更多的创新技术和方法能够应用于绿色施工中，为建筑行业的可持续发展注入新的活力。同时，我们也希望全社会能够共同努力，推动绿色施工理念深入人心，为建设美好的生态环境贡献力量。

二、施工废弃物的处理与利用

（一）概述

随着建筑行业的迅猛发展，施工废弃物的产生量也呈现出快速增长的趋势。施工废弃物主要包括建筑垃圾、废弃材料、废水和废气等，这些废弃物不仅占用了大量的土地资源，还可能对环境和生态造成严重的污染。因此，施工废弃物的处理与利用成为了一个亟待解决的问题。本章节将从施工废弃物的分类、处理方法以及利用途径等方面进行探讨，以期为施工废弃物的有效处理和利用提供有益的参考。

（二）施工废弃物的分类

施工废弃物种类繁多，根据其性质和来源可以分为以下几类：

建筑垃圾：主要包括废弃的混凝土、砖瓦、石材、木材等建筑材料，以及施工过程中产生的渣土、废土等。

废弃材料：指施工过程中产生的不能再使用的材料，如废旧的钢筋、模板、管道等。

废水：主要包括施工过程中产生的混凝土搅拌废水、施工设备清洗废水等。

废气：主要来源于施工机械和设备的运行，以及涂料、油漆等挥发性有机物的挥发。

（三）施工废弃物的处理方法

针对不同类型的施工废弃物，需要采用不同的处理方法，以实现减量化、资源化和无害化的目标。

1. 建筑垃圾的处理

对于建筑垃圾，可以采用分类收集、破碎、筛分和再利用的方法。首先，将建筑垃圾进行分类收集，将可回收的材料如钢筋、木材等进行分离。其次，对剩余的混凝土、砖瓦等进行破碎和筛分，得到不同粒径的骨料。这些骨料可以用于再生混凝土的制备、路基材料的填充等。

2. 废弃材料的处理

废弃材料中的钢筋可以通过切割、弯曲等工艺进行再利用；废旧模板、管道等可以进行修复或改造后重新使用；无法修复的废弃材料则可以进行回收处理，用于制造其他产品。

3. 废水的处理

废水处理主要采用物理、化学和生物等方法。通过沉淀、过滤等物理方法去除废水中的悬浮物和颗粒物；利用化学药剂进行中和、氧化等反应，去除废水中的有害物质；

通过生物处理方法，利用微生物降解废水中的有机污染物。处理后的废水可以达到排放标准或回用标准。

4. 废气的处理

废气处理主要包括除尘、脱硫、脱硝等措施。通过安装除尘设备，去除废气中的颗粒物；采用脱硫技术，降低废气中的二氧化硫排放；利用脱硝技术，降低废气中的氮氧化物含量。此外，还可以采用绿化植物等自然净化方法，改善施工现场的空气质量。

（四）施工废弃物的利用途径

施工废弃物的利用是实现资源化和减量化目标的重要手段。以下是一些常见的施工废弃物利用途径：

1. 再生混凝土制备

利用建筑垃圾中的混凝土碎片和骨料，经过破碎、筛分等处理后，可以制备成再生混凝土。再生混凝土具有成本低、性能稳定等优点，可用于低强度要求的建筑构件和路面铺设等。

2. 路基材料填充

经过处理的建筑垃圾和废弃材料可以用作路基材料的填充物。这些材料经过破碎和压实后，具有良好的承载能力和稳定性，可用于道路、广场等基础设施的建设。

3. 园林绿化应用

建筑垃圾中的废土、渣土等可以用于园林绿化工程的填方和造景。同时，将废弃材料加工成景观小品或装饰物，可以用于公园、庭院等场所的美化。

4. 能源利用

一些废弃材料如木材、塑料等具有一定的热值，可以作为燃料进行能源利用。通过焚烧或气化等方式，将其转化为热能或电能，实现资源的有效利用。

（五）施工废弃物处理与利用的挑战与对策

尽管施工废弃物的处理与利用取得了一定的进展，但仍面临一些挑战。首先，技术水平和设备条件限制了废弃物的处理效率和利用价值。所以，需要加大技术研发和设备更新投入，提高处理与利用的技术水平。其次，政策法规的不完善导致废弃物处理与利用缺乏明确的指导和规范，政府应制定相关政策法规，明确责任主体和奖惩机制，推动施工废弃物的有效处理和利用。再次，社会认知度和参与度也是影响施工废弃物处理与利用的重要因素。应加强宣传教育，提高公众对施工废弃物处理与利用的认识和参与度，形成全社会共同推动的良好氛围。

施工废弃物的处理与利用是建筑行业实现可持续发展的关键环节。通过采取有效的处理方法和利用途径，可以实现施工废弃物的减量化、资源化和无害化目标。然而，当前仍面临技术、政策和认知等方面的挑战。为了克服这些挑战，需要加大技术研发、完善政策法规、提升社会认知度和参与度等方面的努力。展望未来，随着科技的不断进步和社会对环保要求的提高，施工废弃物的处理与利用将更加高效、环保和可持续。我们期待更多的创新技术和方法能够应用于施工废弃物的处理与利用中，为建筑行业的绿色发展贡献一份力量。

第四章 建筑工程质量检测

第一节 建筑工程质量检测的背景与重要性

一、质量检测的背景

建筑工程质量检测是保证建筑工程达到规定标准和质量要求的关键环节。它涵盖了从工程设计、施工到竣工验收的全过程，旨在保障建筑物的结构安全、使用功能和外观质量。在建筑工程领域，质量检测的背景源远流长，经历了多次演变和不断完善的过程。

（一）工程质量检测的起源

建筑工程质量检测的起源可以追溯到人类开始进行建筑活动的时期。早期的建筑主要以石头、木材等天然材料为主，人们在建造过程中主要通过经验和试错来提高建筑质量。随着社会的发展，建筑工程的规模和复杂性逐渐增加，人们开始认识到对建筑质量进行系统的监督和评估的重要性。

（二）工程质量检测的发展历程

1. 古代建筑时期

在古代，建筑工程质量检测主要依赖于工匠和建筑师的经验和技能。这些专业人士通过传统的手工艺技术和建筑设计原则来确保建筑的稳固性和功能性。但是，由于缺乏科学方法和标准，质量检测容易受到主观因素的影响。

2. 工业革命时期

随着工业革命的到来，建筑工程的规模和复杂性大幅增加，这一时期，建筑工程质量检测逐渐引入了一些科学方法，例如使用更先进的材料和结构设计。然而，质量检测仍然主要依赖于经验和实践，而非系统的标准和检测流程。

3. 现代建筑时期

20世纪初，随着科技的不断进步，建筑工程质量检测开始趋向于系统化和科学化。

建筑行业逐渐引入了标准化的设计规范、施工流程和材料标准。质量检测逐渐转向更为客观和可测量的方向，通过检测设备、实验室测试等手段对建筑质量进行更为精准的评估。

（三）当前建筑工程质量检测的现状

1.国际标准化

随着全球化的不断发展，建筑工程在国际间的合作与交流日益频繁。为了确保不同国家和地区的建筑工程质量得以统一，国际上建立了一系列的建筑标准和规范。这些标准涵盖了建筑设计、施工、材料选择、质量控制等方方面面，为建筑工程质量检测提供了国际化的基础。

2.技术手段的进步

随着科技的飞速发展，建筑工程质量检测得以借助先进的技术手段取得更为准确和高效的结果。例如，使用先进的传感器技术、无损检测设备、遥感技术等，可以对建筑材料、结构和施工过程进行全方位的监测和评估。这不仅提高了质量检测的精度，同时也加速了检测的速度。

3.法律法规的完善

为了保障建筑工程的质量和安全，各国纷纷制定了一系列法律法规，规范了建筑工程的设计、施工和质量检测流程，这些法规不仅明确了建筑工程的责任和义务，也为建筑工程质量检测提供了法律依据。同时，法规的完善也加强了对建筑从业人员的监管，提高了整个行业的质量水平。

（四）未来建筑工程质量检测的趋势

1.智能化与人工智能

未来，建筑工程质量检测将更加趋向于智能化和自动化。人工智能技术可以通过数据分析、模型预测等手段，快速而精准地评估建筑结构、材料性能等关键指标。智能传感器、监测设备的广泛应用将使得质量检测更为实时和精准。

2.大数据和云计算

大数据和云计算的应用将使得建筑工程质量检测变得更加高效和集成化。通过大数据的分析，可以更好地理解建筑工程中的潜在问题和趋势，为质量检测提供更为全面的信息支持。云计算的使用使得检测数据可以随时随地被存储、共享和分析，促使建筑工程质量管理更加便捷。

3.可持续建筑与绿色标准

随着对环境可持续性的关注不断增加，未来建筑工程质量检测将更加注重可持续建筑和绿色标准的要求。检测将不仅关注建筑的结构和功能，还会考虑其对环境的影响、能源利用效率、材料的可再生性等方面。绿色建筑认证体系的应用将推动建筑工程更加注重生态友好和可持续发展。

4. 区块链技术的应用

区块链技术具有去中心化、不可篡改、透明等特点，使得其在建筑工程质量检测中的应用变得愈发重要。通过区块链，可以实现对建筑工程全生命周期的信息追踪和共享，确保数据的安全性和一致性。这对于建筑工程的质量管理和合规性监督提供了更强有力的支持。

5. 多方合作和信息共享

未来建筑工程质量检测将更加注重多方合作和信息共享。不同专业领域的专家、监管机构、业主、施工方等将更密切地合作，共同推动建筑工程的质量提升。信息共享平台的建立将促使各方更加实时地获取建筑工程的质量数据，从而更及时地做出决策和调整。

建筑工程质量检测的背景经历了漫长的发展历程，从古代的经验积累到现代的科技运用，逐渐形成了一套完善的体系。当前，国际标准化、技术手段的进步、法律法规的完善等因素共同推动着建筑工程质量检测的不断提升。未来，随着智能化、大数据、区块链等新技术的广泛应用，建筑工程质量检测将进入一个更为智能、高效、可持续的阶段。多方合作和信息共享的趋势也将推动建筑工程的整体质量水平不断提高，为人类提供更安全、可靠、环保的建筑环境。在不断发展的背景下，建筑工程质量检测将持续发挥着至关重要的作用，保证建筑工程达到更高的标准和要求。

二、质量检测的意义与目的

建筑工程质量检测是确保建筑工程达到一定标准和质量要求的重要环节，其意义和目的深远而多重，在建筑领域，质量检测不仅关系到工程的可持续发展，更关系到社会的安全和人们的生活质量。以下是质量检测的主要意义与目的。

（一）保障结构安全与人身安全

1. 结构安全

建筑工程的首要目的是保障建筑物的结构安全。质量检测通过检测建筑结构的设计、施工过程和使用阶段的变化，确保建筑的承载能力、稳定性和抗震性等结构方面的要求。这对于防范建筑结构因质量问题导致的崩塌、倒塌等灾害具有重要意义。

2. 人身安全

质量检测也直接关系到建筑使用阶段的人身安全。合格的建筑质量能够降低事故发生的概率，确保居住者、工作人员等在建筑内部活动时不会因为建筑质量问题而受到伤害。这对于提高人们的居住和工作环境的安全性至关重要。

（二）保障建筑功能与使用寿命

1. 建筑功能

建筑工程质量检测的目的之一是确保建筑达到设计时的功能要求，这包括建筑物的使用功能、空间布局、通风、采光等方面。通过质量检测，可以确保建筑在投入使用后能够满足人们的各种需求，提高使用者的满意度。

2. 使用寿命

合格的质量检测有助于延长建筑的使用寿命。通过对建筑材料、结构和设备等方面进行全面检测，能够及时发现并修复潜在的问题，防止建筑在使用过程中因为质量问题而提前老化，这有助于提高建筑的经济性和可持续性。

（三）降低维修和维护成本

1. 预防性维护

质量检测的一个重要目的是进行预防性维护。通过定期检测建筑的各个组成部分，可以提前发现可能存在的问题，并采取相应的措施进行修复和改善，进而降低维修和维护的成本。预防性维护能够避免因突发性问题导致的高额修复费用。

2. 提高设备和系统的可靠性

质量检测还涉及建筑中的各种设备和系统，如电力系统、水暖系统、通风系统等。对这些设备和系统进行定期检测，可以提前发现潜在故障，并进行及时的维修和更换。这有助于提高建筑设备和系统的可靠性，减少因设备故障带来的损失。

（四）提高建筑行业的声誉与信任度

1. 行业声誉

合格的建筑工程质量检测有助于提升整个建筑行业的声誉。通过确保建筑质量符合相关标准和规范，行业能够赢得公众的信任，为未来的发展提供可靠的基础。建筑行业的声誉与信任度的提升也有助于吸引更多的投资和项目合作。

2. 社会信任度

建筑是一个直接关系到社会公共安全的行业，而建筑工程质量检测的合格与否直接关系到社会的信任度。合格的质量检测可以确保建筑的安全和可持续使用，增加社会对建筑行业的信任，同时也提高了人们对于居住、工作环境的信心。

（五）符合法律法规与社会责任

1. 法律法规的遵循

建筑工程质量检测是建筑行业履行法律法规和相关标准的一种方式。各国都制定了一系列关于建筑质量和安全的法规，建筑工程必须符合这些法规的要求。通过质量检测，可以确保建筑工程的设计、施工和使用符合法律法规的规定，避免可能的法律责任。

2. 社会责任

建筑行业具有重要的社会责任，其产生的建筑物直接影响到社会的整体结构和发展。质量检测的合格意味着建筑行业履行了其社会责任，为社会提供了安全、健康、舒适的居住和工作环境。这对于推动社会的可持续发展和提高居民的生活质量至关重要。

（六）提高工程管理水平与效率

1. 工程管理水平

建筑工程质量检测在一定程度上反映了工程管理水平。通过对设计、施工和监管等各个环节的全面检测，可以及时发现管理不善、流程不完善等问题。这有助于建筑企业和相关管理部门不断改进管理方式，提高整个建筑工程的管理水平。

2. 效率提升

质量检测的科技化和智能化应用有望提高质量检测的效率。通过引入先进的检测设备、大数据分析、人工智能等技术手段，可以更快速、精准地进行质量检测。这不仅节省了时间成本，也提高了检测的可靠性，使建筑工程更具竞争力。

（七）促进可持续发展

1. 环保与可持续性

建筑工程质量检测对于促进建筑行业的可持续发展具有积极作用。通过检测建筑材料的环保性能、能源利用效率等方面，可以推动建筑行业向更加环保、可持续的方向发展。这符合当今社会对于可持续发展的迫切需求。

2. 社会经济可持续性

建筑工程质量检测的合格，意味着建筑物能够更加经济高效地运营和维护。合理的建筑设计、施工和使用过程，能够降低资源浪费、提高能源利用效率，从而降低社会经济成本，促进社会的可持续经济发展。

（八）推动创新和技术进步

1. 技术创新

建筑工程质量检测需要依赖各种新兴的技术手段，如传感器技术、遥感技术、人工智能等，这促使了建筑领域技术的不断创新，推动了科技在建筑行业的广泛应用。建筑工程的质量检测要求各类创新技术的融合，从而带动了整个行业的技术进步。

2. 工程设计和施工方法的改进

通过质量检测，可以发现建筑设计和施工中存在的问题，并促使对传统方法的改进。这推动了建筑工程行业朝着更加科学、精细、智能的方向发展，从而提高了建筑工程的整体质量水平。

（九）国家形象的提升

1. 对外贸易与合作

建筑工程质量检测的合格不仅提高了国内建筑行业的声誉，也对国家在国际上的形象产生了积极影响。在全球化的背景下，建筑工程的质量水平直接关系到国家在对外贸易和国际合作中的地位。合格的质量检测可以增强国家在建筑工程领域的竞争力，吸引更多国际投资和合作机会。

2. 对内经济发展

国家的建筑工程质量检测合格，直接关系到国内经济的健康发展。通过提高建筑质量，可以有效提高国内房地产市场的稳定性，提高人们对于房地产投资的信心，从而对国家经济的发展产生积极的推动作用。

（十）促进行业规范与标准的制定

1. 标准制定

建筑工程质量检测对于行业规范和标准的制定有着积极的促进作用。通过总结实际工程中的经验和教训，行业可以不断完善和制定更加科学、合理的标准，以指导和规范建筑工程的设计、施工和管理流程。

2. 行业规范

质量检测有助于形成一系列行业规范，进而推动整个行业的规范化发展。这些规范涉及建筑设计、施工、质量检测等多个方面，为行业提供了一套科学、标准的操作流程，有助于降低行业风险，提高整体质量水平。

综上所述，建筑工程质量检测的意义与目的是多层次、多方面的，涉及结构安全、人身安全、可持续发展、经济效益、技术创新等多个方面。通过合理有效的质量检测，可以保证建筑工程的质量达到预期标准，为社会、经济和环境的可持续发展奠定坚实的基础。

第二节　建筑工程质量检测的方法与技术

一、常规检测方法

建筑工程质量检测是确保建筑物达到一定标准和质量要求的重要手段之一。常规检测方法是指在建筑工程领域中常用、成熟、经济、实用的一系列检测手段和技术方法。这些方法涵盖了建筑工程的设计、施工、材料选用、结构安全等多个方面，旨在全面、精准地评估建筑工程的质量水平。以下将介绍一些常见的建筑工程质量检测方法。

（一）结构安全检测方法

1. 静载试验

静载试验是一种常见的结构安全检测方法，旨在评估建筑结构的承载能力。该方法通过在结构上施加静载，监测结构的变形、裂缝等情况，从而判断结构的稳定性和安全性。静载试验广泛应用于桥梁、楼房等建筑结构的评估和监测。

2. 动力测试

动力测试是通过施加动态荷载，如地震波、振动荷载等，来评估建筑结构的响应和动力性能的检测方法。这种方法能够帮助工程师更好地理解结构的振动特性，从而提高建筑在地震等动力荷载下的稳定性。

3. 超声波检测

超声波检测是一种非破坏性的检测方法，常用于评估混凝土结构的质量。通过测量超声波在混凝土中的传播速度和衰减情况，可以推断出混凝土的密度、弹性模量等参数，进而评估结构的质量和性能。

（二）建筑材料检测方法

1. 钢筋探伤

钢筋探伤是一种用于检测混凝土内部钢筋质量和排布情况的方法。通过使用电磁感应原理或超声波等技术手段，可以非破坏性地检测钢筋的数量、直径、锈蚀程度等信息，为混凝土结构的质量评估提供数据支持。

2. 混凝土强度测试

混凝土强度测试是一种常规的建筑材料检测方法，用于评估混凝土的抗压强度。这一测试通常通过在混凝土试块上施加压力，测定混凝土在不同龄期和条件下的抗压强度，以确保混凝土达到设计要求。

3. 土壤测试

土壤测试是用于评估基础土壤的承载能力和稳定性的方法，通过采集土壤样本，进行颗粒分析、含水量测试、压缩试验等，可以确定土壤的力学性质，为基础设计提供基础数据。

（三）外观质量检测方法

1. 目视检查

目视检查是最直观的外观质量检测方法之一。通过人工观察建筑物的外观，包括表面平整度、墙体裂缝、涂层附着性等，判断建筑的外观质量。这种方法通常用于评估建筑装修、表面处理等情况。

2. 摄像监测

摄像监测是通过安装摄像头等设备对建筑外观进行实时监测的方法。这种方法可以长时间连续监测建筑的外观变化，捕捉可能存在的问题，例如墙体裂缝、变形等，为检测提供了更为全面的外观质量信息。

（四）施工工艺检测方法

1. 砂浆抽样检测

砂浆抽样检测是一种用于评估砂浆质量的方法。通过采集砂浆样本，进行成分分析、抗压强度测试等，可以确保砂浆符合设计要求，提高建筑结构的整体质量。

2. 焊缝检测

对于需要焊接的结构，焊缝检测是一种关键的施工工艺检测方法。通过对焊缝进行 X 射线检测、超声波检测等手段，可以发现潜在的焊接质量问题，保证焊接部位的结构安全性。

（五）环境检测方法

1. 噪声检测

在建筑工程中，噪声是一个常见的环境问题。通过使用噪声检测仪器，可以对施工现场的噪声水平进行监测，确保施工活动不会对周边居民和环境造成过大的干扰。

2. 空气质量检测

建筑施工过程中产生的粉尘、有害气体等对环境和人体健康有潜在影响。因此，空气质量检测是一项重要的环境检测方法，通过监测空气中的颗粒物、挥发性有机化合物（VOCs）、二氧化碳等成分，可以评估建筑施工对周围环境空气质量的影响，并采取相应的控制措施。

（六）实验室测试方法

1. 强度试验

强度试验是通过将建筑材料或构件置于实验室环境中，进行标准化的力学测试，以评估其强度和稳定性。这种方法通常应用于混凝土、砖块、钢筋等材料，以确定它们在受力下的性能。

2. 材料成分分析

材料成分分析是一种用于检测建筑材料组成的方法。通过利用化学分析技术，可以确定材料中各种成分的含量，如水泥中的硅酸盐、混凝土中的水灰比等。这有助于验证材料是否符合设计和规范要求。

3.持久性测试

持久性测试主要用于评估建筑材料或构件在长期使用和环境影响下的性能。这种测试包括耐久性、抗老化性、耐腐蚀性等方面的检测，以保障建筑物的长期稳定性和耐久性。

（七）无损检测方法

1.超声波检测

超声波检测是一种通过引入超声波对材料进行非破坏性检测的方法。它广泛应用于检测钢筋、混凝土、焊缝等材料的质量和缺陷，具有高灵敏度和精准性的特点。

2.磁粉检测

磁粉检测是一种适用于检测钢结构焊缝和表面裂缝的无损检测方法。通过在被检测物体表面喷洒磁粉，再施加磁场，可以观察到磁粉在缺陷处的聚集，进而检测出可能存在的裂缝和缺陷。

3.红外热像检测

红外热像检测是一种基于物体辐射的热成像技术。它可以用于检测建筑结构中可能存在的隐蔽问题，如绝缘缺陷、水渗透、电气故障等。通过红外热像检测，工程师可以及时发现潜在问题，并及时采取相应的修复措施。

（八）数据采集与监测技术

1.传感器监测

传感器监测是一种通过安装传感器设备，对建筑结构、材料等参数进行实时监测的方法。这种技术可以用于监测结构变形、温度、湿度等，为检测提供连续的数据流，从而及时发现潜在问题，支持决策和维护。

2.建筑信息模型（BIM）

建筑信息模型是一种综合应用计算机辅助设计（CAD）、计算机辅助工程（CAE）、计算机辅助制造（CAM）等技术的建筑工程设计与管理方法。通过BIM，可以实现建筑设计、施工、运维全生命周期的数字化信息管理，为工程质量检测提供了全方位的支持。

建筑工程质量检测的方法涵盖了结构安全、建筑材料、外观质量、施工工艺、环境、实验室测试、无损检测以及数据采集与监测等多个方面。这些方法的选择取决于具体的检测目的、对象和条件，随着科技的发展，新的检测技术不断涌现，为建筑工程质量检测提供了更为先进、精确的手段。在实际工程中，常规检测方法通常会与先进的技术手段相结合，以确保对建筑工程质量的全面、准确评估。

二、无损检测技术

无损检测技术（Non-Destructive Testing，NDT）是一种广泛应用于建筑工程、制造业、航空航天、能源行业等领域的检测手段，其主要特点是能够在不破坏被检测物体的情况下，获取关于物体内部、表面或结构特性的信息。无损检测技术通过检测材料的物理、化学、电磁等性质，帮助工程师评估材料的质量、发现缺陷和隐患，从而保障工程的安全性和可靠性。本章节将详细介绍无损检测技术的原理、分类、应用领域以及未来发展方向。

（一）无损检测技术的原理

无损检测技术的原理基于被检测物体对外部刺激的响应。以下是几种常见的无损检测技术原理：

1. 超声波检测原理

超声波检测是通过在被测物体表面或内部引入超声波，利用超声波在不同介质中传播的速度和反射的特性，测量声波的传播时间、强度等参数，从而判断材料内部的结构、缺陷情况。

2. 磁粉检测原理

磁粉检测是一种常用于检测铁磁性材料中表面和亚表面裂纹的方法，它基于被检测物体在外部磁场作用下，通过涂抹铁粉或磁粉在表面，当有裂纹存在时，粉末会在裂纹处形成可见的磁粉堆积，从而可视化地显示出裂纹。

3.X 射线检测原理

X 射线检测利用 X 射线穿透物质的特性，通过测量 X 射线在被检测物体中的衰减程度，获取物体内部的结构信息。X 射线检测常用于金属、焊缝等材料的缺陷检测。

4. 磁致伸缩检测原理

磁致伸缩检测是通过在被检测物体表面施加磁场，当物体中存在缺陷时，缺陷处会引起磁场的畸变，从而导致表面上的磁致伸缩传感器产生变化，然后通过测量这些变化来判断缺陷的位置和性质。

5. 热像检测原理

热像检测基于被检测物体辐射红外辐射的特性。通过使用红外热像仪捕捉物体表面的红外辐射图像，可以得知被测物体的温度分布情况，进而发现潜在的缺陷、隐患或异常区域。

（二）无损检测技术的分类

无损检测技术根据其原理和应用方式的不同，可以分为以下多个主要类别：

1. 声学类无损检测技术

超声波检测：利用超声波在材料中的传播特性，检测材料的内部结构、缺陷等。

2. 磁学类无损检测技术

磁粉检测：通过引入磁场和铁粉，检测材料表面和亚表面的裂纹。

磁致伸缩检测：利用磁场对磁性材料的影响，检测材料中的缺陷。

3. 辐射类无损检测技术

X 射线检测：利用 X 射线穿透物质的特性，检测材料的内部缺陷。

γ 射线检测：类似于 X 射线检测，但使用的是 γ 射线。

中子射线检测：通过使用中子射线，检测材料中的缺陷。

4. 光学类无损检测技术

红外热像检测：通过检测物体的红外辐射，获取温度信息，发现缺陷和异常。

5. 电磁类无损检测技术

电磁感应检测：通过测量电磁感应现象，检测材料中的缺陷。

电涡流检测：通过测量涡流引起的电阻变化，检测材料中的缺陷。

6. 液体渗透检测技术

液体渗透检测：利用液体在裂缝或缺陷处的渗透现象，检测材料的表面缺陷。

（三）无损检测技术的应用领域

1. 建筑工程

在建筑工程中，无损检测技术的应用覆盖了多个方面，以保障建筑结构的质量和安全。以下是在建筑工程领域中常见的无损检测应用：

（1）结构安全评估

超声波检测、X 射线检测以及磁粉检测等技术常用于评估建筑结构的安全性。这些技术能够检测混凝土、钢结构中的裂缝、锈蚀、缺陷等问题，确保建筑物在使用过程中具有足够的结构强度和稳定性。

（2）建筑材料质量检测

无损检测技术可以用于检测建筑材料的质量，如混凝土、钢筋、砖块等。通过超声波、X 射线等手段，可以评估材料的密度、强度、成分等特性，确保使用的建筑材料符合设计和规范要求。

（3）桥梁和隧道检测

对于桥梁和隧道等交通基础设施，无损检测技术常用于评估结构的健康状况。超声波、X 射线检测可用于发现混凝土中的裂缝、钢结构中的腐蚀，以确保这些关键结构的安全性和稳定性。

（4）焊缝质量检测

在建筑结构和管道的焊接中，磁粉检测、X 射线检测和超声波检测等技术被广泛应用于评估焊缝的质量。这有助于及时发现焊接缺陷，确保焊接部位的结构完整性和耐久性。

（5）建筑物外观质量检测

红外热像检测和液体渗透检测等技术常用于评估建筑物外观的质量。红外热像检测可以发现墙体的隐蔽问题，如绝缘缺陷或水渗透。液体渗透检测则可以用于检测建筑表面的裂缝和漏水问题。

2. 制造业

无损检测技术在制造业中的应用主要集中在材料和产品的生产和质量控制阶段。以下是制造业中常见的无损检测应用：

（1）材料质量控制

在制造材料的过程中，无损检测技术被广泛用于评估原材料的质量。例如，超声波检测可用于测量金属板或管材的厚度，X射线检测可用于检测铸造件中的气孔和缺陷。

（2）铸件质量检测

对于金属铸件，X射线和磁粉检测技术常用于评估铸件的内部结构和质量。这有助于发现铸造过程中可能出现的缺陷，保障铸件的完整性和可靠性。

（3）飞机和汽车零部件检测

无损检测技术在航空和汽车制造业中是至关重要的。X射线和超声波检测可用于检测飞机和汽车零部件中的裂纹、疲劳损伤和焊缝质量，确保零部件符合严格的安全标准。

（4）焊接质量控制

在制造过程中，焊接是一个关键步骤。无损检测技术可用于评估焊缝的质量，确保焊接部位具有足够的强度和连接质量。

3. 能源行业

在能源行业，无损检测技术广泛应用于评估能源设备和管道的健康情况，确保其安全运行。以下是能源行业中常见的无损检测应用：

（1）压力容器和管道检测

无损检测技术可用于评估压力容器和管道的健康状况，包括检测腐蚀、裂纹、焊接质量等问题，超声波检测、X射线检测和电磁感应检测等技术在此方面具有广泛应用。

（2）蒸汽发电设备检测

在蒸汽发电设备中，无损检测技术可用于评估锅炉、汽轮机和发电机的健康状况。通过检测零部件的内部结构，可以提前发现潜在问题，确保设备的高效稳定运行。

（3）核电站设备检测

在核电站中，无损检测技术是确保核设备安全的关键手段。X射线检测、超声波检测等技术常用于评估核电站设备中的裂纹、气孔等缺陷，以保障设备的结构完整性和安全性。

（4）输电线路和变电站设备检测

在电力行业，无损检测技术可用于评估输电线路和变电站设备的健康状况。通过超声波检测、红外热像检测等技术可以发现电力设备中的绝缘问题、接头问题以及潜在的过载和热问题。

4. 其他应用领域

（1）医学领域

在医学领域，超声波检测、X射线检测等无损检测技术被广泛用于医学成像、病理学检测等方面。这些技术可用于检测人体内部的病变、骨折等情况，为医生提供重要的诊断信息。

（2）艺术品保护

在文物和艺术品保护领域，无损检测技术可用于评估文物的结构状况，发现潜在的裂纹、腐蚀等问题。这有助于保护文化遗产并进行恢复性修复。

（3）食品和制药行业

无损检测技术在食品和制药行业中用于检测产品的质量和完整性。例如，X射线检测可用于检测食品中的异物，超声波检测可用于评估制药产品中的均匀性和质量。

（4）土木工程和地质勘探

在土木工程和地质勘探中，无损检测技术被用于评估土壤和岩石的物理性质，检测地下结构、管道和地质层，这对于工程规划和地质勘探具有重要意义。

（四）无损检测技术的未来发展方向

1. 先进传感器技术

随着传感器技术的不断发展，更先进、更精密的传感器将被广泛应用于无损检测领域。纳米技术、光子学等先进技术的引入将提高传感器的灵敏度和分辨率，使得无损检测技术能够更细致地揭示材料的微观结构和缺陷。

2. 人工智能和机器学习

人工智能和机器学习技术将在无损检测中发挥越来越重要的作用。通过训练模型，计算机能够识别和分类不同的缺陷模式，提高无损检测的自动化水平。这将使得检测结果更加准确、快速，并减轻人工分析的负担。

3. 多模态技术集成

未来，无损检测技术将更加注重多模态的集成应用。结合超声波、X射线、红外热像等多种检测手段，以综合性地评估材料和结构的状况。这样的综合性方法将提供更全面、准确的信息，更好地服务于工程和制造领域。

4. 无损检测自动化

随着工业自动化水平的提升，无损检测技术也将朝着更高的自动化方向发展。自动化的无损检测系统将更加智能化、可编程化，不仅能够降低人为操作的复杂性，而且可以提高检测的效率和一致性。

5. 网络化和远程监测

未来无损检测技术将更多地与互联网和物联网相结合，实现远程监测和数据传输。工程师可以通过网络远程监控和分析检测结果，实现实时的数据共享和决策支持，提高工作效率。

无损检测技术作为一种非破坏性的质量评估手段，在建筑工程、制造业、能源行业等领域发挥着重要的作用。通过使用声学、电磁、光学等多种技术手段，无损检测技术能够全面、准确地评估材料和结构的质量，发现潜在的问题，确保工程和设备的安全性和可靠性。随着科技的不断进步，无损检测技术将迎来更为广泛的应用和更高的发展水平，为各行各业的发展提供有力支持。

第三节　施工过程中的质量监控

一、施工过程的质量控制要点

施工过程的质量控制是确保建筑工程达到设计要求、安全可靠的关键步骤。质量控制涉及材料的选择、工艺的执行、施工过程的监管以及最终的工程验收。本章节将从施工过程的不同阶段和各个方面详细介绍质量控制的要点。

（一）施工前期准备阶段

1. 设计文件审查

在施工前期，首要任务是对设计文件进行审查。其包括建筑施工图纸、工程规范、设计说明等，审查的目的是确保设计文件的准确性、合理性，并且能够满足法规和标准的要求。设计文件的错误或不明确可能导致施工过程中的问题，因此在施工前确保设计文件的质量是质量控制的第一步。

2. 材料供应商和质量认证

选择合格可靠的材料供应商至关重要。在施工前，应对材料供应商进行审查，确保其有相关资质和质量管理体系。同时，对将要采购的材料进行质量认证，确保材料符合设计规范和标准。这涉及材料的强度、耐久性、防火性等性能。

3. 施工组织设计

在施工前期，需要进行详细的施工组织设计，明确各个工程节点的工序、施工方法、设备、人员等方面的安排。施工组织设计要考虑到安全、效率和质量等多个因素，确保施工过程能够有序进行。

（二）施工阶段

1. 施工人员培训和管理

在施工阶段，对施工人员进行培训是关键的一环。培训内容包括工程的相关要求、安全操作规程、质量标准等。合格的施工管理团队应当对施工人员进行有效的监管和管理，确保施工人员具备足够的技能和责任心。

2. 施工质量计划

制定施工质量计划是保证施工过程质量的一项重要工作。该计划应包括质量控制的各个方面，包括但不限于材料验收、工程检测、质量验收等。施工质量计划应由相关专业人员编制，并得到项目管理层的认可。

3. 材料的检测与验收

在施工阶段，对于从供应商处获得的材料，必须进行详细的检测与验收。这包括外观检查、尺寸测量、化学成分分析等多个方面，合格的材料是保证施工工程质量的基础。

4. 施工工艺控制

确保施工工艺符合设计要求和相关标准同样至关重要。在施工过程中，需对每个施工工艺节点进行监控和控制。这包括混凝土浇筑、钢筋安装、墙体砌筑等施工工艺。合理的工艺控制有助于提高工程质量，减少后期维修和改造的可能性。

5. 施工现场管理

施工现场管理是施工过程中质量控制的另一方面。管理人员需要确保施工现场的秩序井然，工人的操作符合相关规定，设备的使用和维护得当。合理的现场管理可以提高工程进度，减少事故发生的概率，保障施工质量。

6. 质量记录与追踪

施工过程中应当对各个环节进行详细的记录，包括材料检测报告、施工日志、工程检验记录等。这些记录不仅是对施工过程的追踪，也是对工程质量的监控。通过记录与追踪，可以及时发现问题并采取纠正措施，防范工程质量风险。

（三）施工结束与验收阶段

1. 工程质量验收

在施工结束后，进行工程质量验收是确保整个工程质量的最终步骤。这包括对施工过程中的各个环节的检查，确保工程符合设计要求和标准。工程质量验收通常由建设单位、设计单位、监理单位等多方共同参与，保证公正、公平、客观。

2. 质量问题整改

在工程验收过程中，可能会发现一些质量问题。对于发现的问题，应当及时进行整改。整改措施应当根据问题的性质和严重程度确定，并由相关责任人负责执行。整改后需要重新进行验收，确保问题得到有效解决。

3. 施工档案管理

在施工结束后，建立完整的施工档案是对整个工程的总结和记录。施工档案包括但不限于设计文件、施工计划、工程合同、工程质量验收报告、施工日志、质量检测报告等。这些档案为今后的运维、维护和管理提供了依据，并在工程质量事后评估中起到了关键作用。

4. 定期维护与检测

工程质量的控制不仅仅止步于施工完工和验收，更需要定期的维护与检测。建筑物在使用过程中受到自然环境、人为操作等多种因素的影响，可能会出现老化、损耗或潜在缺陷。通过定期的维护与检测，可以及时发现和处理问题，确保建筑物的安全性和可靠性。

（四）质量控制的关键技术和方法

1. 先进的检测技术

随着科技的发展，先进的检测技术为质量控制提供了更加精准、高效的手段。例如，无损检测技术、激光测量技术、红外热像技术等能够在不破坏建筑结构的前提下，提供对材料和结构的详细检测信息。

2. 数据分析与人工智能

数据分析和人工智能技术在质量控制中扮演着越来越重要的角色。通过对大量的施工数据进行分析，可以发现潜在的问题和趋势，为质量控制提供科学的依据。人工智能技术还可以用于创建预测模型，提前预警潜在的质量问题。

3. 现场监测与远程监控

现场监测和远程监控技术能够实时地监测施工现场的各个环节，及时发现问题并采取措施。传感器、监控摄像头等设备的使用可以帮助管理人员随时随地获取施工现场的信息，提高管理的及时性和准确性。

4. 信息化管理系统

信息化管理系统是将施工管理过程数字化的一种手段。通过使用施工管理软件，可以实现对施工计划、人员安排、材料采购等信息的集中管理。这有助于提高工程管理的效率，减少信息传递的误差。

5. 供应链管理

供应链管理涉及材料、设备等资源的整合与协同。通过建立高效的供应链体系，可以确保施工所需的各类资源能够及时、准确地到达施工现场。供应链的畅通与否直接影响到施工进度和质量。

（五）质量控制的挑战与对策

1. 人员素质与管理

人员的素质和管理水平是影响施工质量的关键因素之一。对施工人员的培训和管理不到位可能会导致施工过程中出现问题。解决这些问题的对策是加强人员培训，建立完善的管理体系，提高员工的责任心和工作积极性。

2. 材料质量与供应链

材料质量的不稳定性和供应链的不畅通可能会导致施工中材料的不合格使用，进而影响整体工程质量。解决对策包括加强对材料供应商的管理和评估，建立稳定可靠的供应链，确保材料的质量符合要求。

3. 环境因素

天气、自然环境等因素可能对施工质量产生不利影响。恶劣天气条件可能导致施工进度延误，同时也可能影响施工材料的性能。解决对策包括合理安排施工计划，采取相应的防护措施，确保施工环境的安全和适宜。

4. 设计变更和规范更新

设计变更和规范更新可能在施工过程中频繁发生，对施工工程产生一定的冲击。解决对策包括及时更新相关文件，与设计单位保持沟通，确保施工过程中能够及时适应变更和更新。

5. 施工过程监管

监管不到位可能导致施工过程中一些不规范的操作。建立健全的监管体系，加强对施工过程的监督，及时发现并纠正不规范行为，是解决这一挑战的重要途径。

二、施工质量监控体系的建立与运行

施工质量监控体系是确保建筑工程质量的关键性组成部分。它包括了从项目立项、设计、施工到竣工验收的全过程管理，通过建立合理的监控体系，可以及时发现和纠正施工过程中的质量问题，确保工程按照设计标准和规范完成。本章节将深入探讨施工质量监控体系的建立与运行，包括体系的构建要点、运行机制以及应对挑战的策略。

（一）施工质量监控体系的建立

1. 初步准备

在建立施工质量监控体系之前，必须进行初步的准备工作。这包括项目的背景调查、设计文件的仔细研究，对施工过程的流程和风险进行评估。初步准备的目的是确保监控体系的建立能够充分考虑到项目的特点和可能面临的问题。

2. 制定监控计划

监控计划是施工质量监控体系的核心。该计划应明确监控的范围、目标、指标和方法。具体来说，监控计划包括但不限于以下几个方面：

监控的范围：包括施工的各个阶段，涉及的工程部位、材料、工艺等方面。

监控目标：确定监控的具体目标，如符合设计标准、确保施工工艺的合理性等。

监控指标：制定可量化、可衡量的指标，用于评估质量水平，如合格率、缺陷率、施工进度等。

监控方法：选择适当的监控方法，可以包括现场检查、检测测试、数据分析等多种手段。

3. 确定监控责任与权限

明确监控的责任与权限是建立监控体系的重要一环。确定监控的责任人员，包括监理单位、施工单位的质量管理人员以及相关专业人员。同时，明确各个责任人员的监控权限，保障信息流畅、权责明确。

4. 建立监控档案

建立监控档案用于记录监控过程中的各项数据、检测结果、问题发现与解决等信息。监控档案是对整个监控体系运行情况的重要反馈，也是事后分析和经验总结的依据。

（二）施工质量监控体系的运行

1. 现场监控与检测

实施监控体系的关键环节是现场监控与检测。通过对施工现场的实时监测，包括工程施工过程、材料使用、设备运行等方面的检测，可以及时发现潜在的质量问题。这可以通过巡查、检测设备、现场抽查等途径来实现。

2. 数据分析与报告

监控体系应当建立合理的数据分析与报告机制。监控过程中产生的大量数据需要进行分析和整理，形成定期的监控报告。这些报告不仅是对质量状况的概括，而且还能为后续工作提供决策依据。

3. 问题发现与纠正

监控体系的运行中，可能会发现一些质量问题。对于发现的问题，必须采取及时有效的纠正措施。这可能包括暂停施工、更换材料、调整工艺等方式，以确保问题得到有效解决。

4. 过程优化与改进

监控体系运行的过程中，可以根据数据分析和问题发现的经验，进行过程的优化与改进。通过总结和分析问题的根本原因，找到解决问题的长期措施，不断提升监控体系的运作效果。

5. 风险管理

风险管理是监控体系运行中的一个重要方面。对施工过程中可能发生的各类风险，包括技术风险、安全风险、合同风险等，需要建立相应的应对措施。这有助于在问题发生前进行预判和预防。

（三）应对挑战的策略

1. 人员培训与提升

人员素质对于监控体系的建立和运行至关重要。通过定期的培训和学习，提高监理人员、施工管理人员和相关专业人员的水平，使其能够更好地开展监控任务。

2. 先进技术的应用

利用先进的检测技术、数据分析工具和信息化管理系统，提高监控体系的科技水平。这有助于提高监控的精度和效率，加强监测体系的实时性和准确性。

3. 风险评估与预防

在监控体系中加强风险评估，提前识别潜在问题，并制定相应的预防措施。这可以通过专业的风险评估工具和流程，以及经验丰富的专业人员的参与来实现。

4. 合理的监控频率和时长

监控的频率和时长应该根据项目的特点、风险等因素进行合理调整。对于重要的工程节点和易发生问题的环节，监控频率可以适当增加，以确保问题的及时发现。

5. 加强合作与沟通

建立质量监控体系需要各方之间的紧密合作与良好沟通。监理单位、设计单位、施工单位之间应建立畅通的信息传递渠道，确保信息的及时流转，使问题能够快速得到解决。

6. 持续改进

建立施工质量监控体系不是一次性的任务，而是需要不断优化和改进的过程。通过定期的回顾与总结，发现监控体系中存在的问题和不足，不断进行改进，提高体系的效能和适应性。

（四）施工质量监控体系的评估与反馈

建立和运行施工质量监控体系之后，还需要对其进行评估与反馈，以确保其持续有效地运行。评估与反馈的过程应该主要包括以下几个方面：

1. 定期评估监控效果

定期对监控体系的运行效果进行评估。这可以通过分析监控报告、监控档案以及问题处理记录等来实现。评估的目标是发现体系中存在的问题、不足之处，为改进提供依据。

2. 反馈到管理层

评估的结果应当及时反馈到项目管理层。通过定期的报告和会议，向管理层汇报监控体系的运行情况、问题和建议改进的意见。管理层可以据此调整整体的管理策略，提高整个工程的质量水平。

3. 持续优化与改进

评估的结果应当成为对体系进行持续优化和改进的动力。根据评估结果，及时调整监控计划、优化监控方法、加强培训等措施，以不断提高监控体系的适应性和效能。

4. 吸取经验教训

对监控体系的评估还应当包括对经验教训的吸取。通过总结成功的经验和遇到的问题，形成良好的实践经验，为将来类似项目提供指导。

施工质量监控体系的建立与运行是确保建筑工程质量的关键环节。通过合理的规划、科学的监控计划、先进的技术应用以及定期的评估与改进，可以建立一个高效、可靠的监控体系。这有助于及时发现和解决施工过程中的质量问题，确保工程质量达到设计要求。持续的优化与改进则是保障监控体系持久有效运行的关键。在建筑工程领域，质量监控体系不仅是项目管理的基础，而且也是对工程质量负责任的表现。

第四节 质量检测的标准与规范

一、质量检测标准的执行与监督

质量检测标准的执行与监督是确保产品和工程质量的重要环节。执行标准能够保证产品或工程的设计、制造和施工过程达到规定的要求，而监督则是对执行过程的跟踪和评估，确保标准的实施符合要求。本章节将深入探讨质量检测标准的执行与监督，其包括执行的主体、执行过程中的关键问题以及监督的方法和手段。

（一）质量检测标准的执行

1. 执行主体

执行质量检测标准的主体涉及多个环节和层次，包括制定方、制造商、施工单位、监理单位、检测机构等。不同阶段的执行主体对标准的执行负有不同的责任。例如，在产品制造中，制造商应当按照相关标准要求进行生产；在建筑施工中，施工单位要确保按照设计图纸和规范进行施工。

2. 质量管理体系

执行质量检测标准的有效途径之一是建立质量管理体系。质量管理体系是组织内部的一套规范和程序，确保产品或工程符合标准和规范要求进行设计、制造和施工。ISO 9001等质量管理体系标准提供了一种通用的框架，帮助组织建立和改进其质量管理体系。

3. 培训与教育

执行标准需要相关人员具备相应的技能和知识。培训与教育是确保执行主体了解并能够有效执行质量检测标准的重要途径。通过培训，员工可以更好地理解标准的要求，提高执行的准确性和可靠性。

4. 设备和工艺控制

在生产制造和施工过程中，执行标准需要考虑到设备和工艺的控制。合适的设备和科学的工艺是保证产品和工程质量的基础。通过使用符合标准的设备，采用科学的工艺流程，有助于降低质量风险，提高执行的稳定性。

（二）质量检测标准执行中的关键问题

1. 材料的合规性

在产品制造和建筑施工中，使用的材料必须符合相应的标准和规范。关于材料的性能、成分、尺寸等方面的要求必须得到严格遵守。检验材料的合规性是确保产品和工程质量的重要环节，不合格材料的使用可能会导致整体质量问题。

2. 工艺控制

生产和施工过程中的工艺控制是执行质量检测标准的关键环节。合理的工艺流程和严格的操作规程有助于确保产品和工程的质量。例如，在制造过程中，控制生产参数，确保产品的尺寸、外观等符合标准要求；在施工过程中，控制施工工艺，确保建筑结构、电气设备安装等符合相关标准。

3. 管理体系的建立与运行

质量检测标准的执行涉及整个组织的管理体系。建立和运行一个高效的质量管理体系是确保标准得以贯彻执行的重要条件。这包括组织内部的沟通机制、流程控制、问题解决和持续改进等方面。

4. 监测和测量

监测和测量是确保执行过程中关键参数符合标准的方式之一。通过合适的监测和测量手段，可以实时追踪产品和工程的质量状况。这可以包括使用仪器设备、传感器、检测工具等，确保监测和测量的准确性和可靠性。

（三）质量检测标准的监督

1. 监督机构

监督机构在质量检测标准的执行中扮演着重要的角色。监督机构通常由国家、地方或行业组织设立，负责对生产、施工、服务等过程进行监督和检查。这些机构可以是政府的质监部门、行业协会、第三方检测机构等。

2. 第三方检测

第三方检测是一种独立于生产、施工和使用单位的检测机构，对产品和工程的质量进行独立、客观的评价。第三方检测机构通常具有专业的技术力量和设备，能够为质量检测提供独立的、公正的结果。在某些行业和领域，第三方检测已经成为确保质量的重要手段。

3. 抽样检验

抽样检验是监督质量检测标准执行的一种有效手段。通过在生产或施工过程中随机抽取样品，并进行质量检测，可以更全面地了解产品或工程的整体质量状况。抽样检验的结果有助于及时发现问题，采取纠正措施，防止不合格产品或工程进入市场。

4. 现场监督

现场监督是一种直接对生产和施工现场进行观察和检查的手段。监督人员可以对材料的存储、加工流程、设备的使用等情况进行实地检查，确保生产和施工符合标准的要求。现场监督有助于及时纠正违规行为，提高执行标准的效果。

5. 证书和认证

产品或组织的质量认证是一种通过特定程序对产品或组织质量管理体系的审核和认可手段。通常由权威机构颁发，具有权威性和可信度。获得质量认证的产品或组织往往在市场上更受欢迎，也为监督机构提供了一个重要的参考依据。

6. 数据分析和反馈

监督过程中的数据分析是提高监督效果的关键一环。通过对监督过程中获得的数据进行分析，可以发现出现问题的根本原因，并总结经验教训，为监督体系的优化和完善提供依据。数据分析的结果也可以通过反馈机制，及时通知执行主体，促使其改进和提升执行水平。

（四）面临的挑战和对策

1. 标准的复杂性和更新

许多行业的标准通常非常复杂，且经常会更新。执行主体需要不断学习和适应新的标准要求，以保障产品或工程的质量。解决这一挑战的对策包括定期培训与教育，建立标准解读与执行的沟通机制。

2. 检测设备和技术的不断更新

随着科技的进步，检测设备和技术不断更新换代。执行主体需要不断更新设备和技术，以确保检测的准确性和可靠性。解决这一挑战的对策包括建立技术创新机制，引入先进的检测设备和技术，提高执行水平。

3. 人员素质和培训

质量检测的执行需要具备一定的专业知识和技能。人员素质和培训水平直接关系到标准的有效执行。解决这一挑战的对策包括加强人员培训，建立绩效考核机制，提高执行主体的专业素养。

4. 信息传递和沟通问题

在生产和施工中，信息传递和沟通问题可能会导致执行主体对标准的理解出现偏差。建立有效的沟通机制、明确责任与权限，确保信息畅通，有助于规遍问题的发现和解决。

5. 市场竞争和成本考虑

在市场竞争激烈的环境中，一些企业可能在质量执行上存在压力。成本考虑可能导致企业在质量检测上采取缩减措施，解决这一挑战的对策包括明确标准执行不可妥协的原则，强化市场监管，提高违规成本。

质量检测标准的执行与监督是确保产品和工程质量的关键环节。通过建立质量管理体系、培训与教育、设备和工艺控制等途径，可以有效提高标准的执行水平。监督机构、第三方检测、抽样检验等方法有助于对执行过程进行有效监督。面对标准的复杂性、技术的更新、人员素质、信息传递和市场竞争等挑战，执行主体需要采取相应的对策，保障质量检测标准的有效实施。在全球化的趋势下，加强国际合作，推动标准国际化，也将有助于提升全球质量水平。

二、质量检测规范的更新与完善

质量检测规范的更新与完善是保障产品和工程质量的重要措施。随着科技的不断进步、市场需求的变化以及经验教训的积累，质量检测规范需要不断地进行修订和完善，以适应新的环境和要求。本章节将深入探讨质量检测规范的更新与完善的必要性、方法与手段以及面临的挑战与应对策略。

（一）质量检测规范的必要性

1. 科技进步的推动

科技的不断进步为产品和工程提供了更先进的制造和施工技术。新材料、新工艺、新设备的引入需要及时调整和更新质量检测规范，以适应新技术的不断发展和应用。

2. 市场需求的变化

市场需求的不断变化是推动质量检测规范更新的重要原因之一。消费者对产品性能、安全性、环保性等方面的要求随着时间不断变化，需要规范也随之调整，以确保产品质量符合市场需求。

3. 从业经验的积累

通过实际生产和施工经验的积累，行业能够更清晰地认识到规范中存在的不足和问题。经验教训的总结有助于修订和完善规范，弥补先前可能存在的漏洞，提高规范的实用性和适用性。

（二）质量检测规范的更新方法与手段

1. 制定科技发展计划

制定科技发展计划是推动质量检测规范更新的重要手段之一。政府、行业协会和企业可以共同制定科技发展计划，明确未来一段时间内的发展方向和目标。计划中应包含对新技术的引进、应用和推广的具体措施，以确保质量检测规范与科技发展同步。

2. 建立专业的标准制定机构

建立专业的标准制定机构是质量检测规范更新的关键。这样的机构应该由行业专家、科研机构、企业代表等共同组成，确保规范的制定具备科学性、权威性和实用性。定期召开技术研讨会、专家座谈等活动，及时吸纳各方意见和建议。

3. 采用先进的检测技术

质量检测规范的更新需要借助先进的检测技术。随着科技的不断发展，新的检测方法和仪器不断涌现。采用先进的检测技术可以提高检测的准确性和效率，确保规范中的要求与实际检测操作相匹配。

4. 加强国际合作

在全球化的背景下，加强国际交流合作是促进质量检测规范更新的有效途径。通过与其他国家和地区的交流合作，可以分享先进的技术和经验，吸收国际上的最佳实践，促进本国规范的不断提升。

5. 制定阶段性更新计划

质量检测规范的更新不是一蹴而就的过程，而是应当制定阶段性的更新计划。根据科技发展、市场需求、从业经验等因素，制定明确的规范更新计划，确保规范的更新与实际需要相一致，同时避免频繁更新对企业造成不必要的负担。

（三）质量检测规范面临的挑战与应对策略

1. 技术更新的速度

技术更新的速度是质量检测规范面临的一个重要挑战。新技术的涌现速度可能超过规范的更新速度，导致规范无法及时适应新技术的发展。为了应对这一挑战，需要建立灵活的更新机制，引入规范的"动态更新"概念，以便及时吸纳新技术。

2. 利益相关方的差异

质量检测规范的更新涉及众多利益相关方，包括政府、企业、消费者、检测机构等。各方在质量标准的设定和更新上可能存在不同的需求和利益。为了协调各方的利益，需要建立有效的协商机制，保障规范的更新符合各方利益的平衡。

3. 规范的复杂性

质量检测规范通常是由众多专业领域的专家共同制定的，因而规范可能较为复杂。复杂的规范可能导致执行困难，需要付出更多的成本。应对这一挑战的策略包括规范的模块化设计，将规范拆分成更小的、易于理解和执行的模块，同时提供详细的实施指南和培训，以降低执行的难度。

4. 技术标准与法规的不同步

技术标准和法规通常是相辅相成的，但有时它们的更新速度和程度可能不同步。这可能导致企业在执行中面临法规和技术标准之间的矛盾。为了解决这一问题，需要强化技术标准与法规之间的协调机制，确保它们在更新和调整时保持一致性。

5. 中小企业的适应能力

对于中小企业而言，适应质量检测规范的更新可能面临一些挑战。这些企业可能缺乏技术、资金和人才等方面的资源，使得规范更新对其造成一定的负担。为了支持中小企业的适应，可提供相应的政策支持、培训和技术援助，降低其适应的难度。

6. 国际化标准与本土特色的平衡

随着全球化的不断推进，国际化标准在一定程度上已成为全球贸易的基石。然而，规范的国际化也面临着如何平衡本土特色的问题。在制定和更新规范时，需要考虑到本地市场的特殊需求和文化差异，以确保规范在国际化的同时保持一定的本土适应性。

（四）推动质量检测规范的更新与完善

1. 政府引导与支持

政府在质量检测规范更新中发挥着引导和支持的重要作用。政府可以通过设立专项基金、出台激励政策、支持研发等方式，推动质量检测规范的不断更新。政府还可以建立标准研究机构，提供专业技术支持，促进质量检测规范的制定和修订。

2. 行业协会和企业组织的参与

行业协会和企业组织是质量检测规范制定的主要参与方。它们可以通过组织专业的技术委员会、举办技术研讨会、推动标准研究项目等方式，积极参与规范的制定和更新过程。同时，行业协会还可以通过培训、信息发布等方式，帮助企业更好地理解和执行规范。

3. 引入市场机制

引入市场机制是推动质量检测规范更新的重要途径。市场机制可以通过市场准入要求、认证标识、质量评价等方式，引导企业根据最新的规范要求进行生产和服务。市场的竞争机制有助于企业自觉适应新的规范，提高产品和工程的质量水平。

4. 强化国际交流与合作

质量检测规范的更新需要充分吸收国际先进经验，通过国际交流与合作，可以获取国际领先的技术信息和标准制定经验。同时，国际合作还有助于将本国的经验和技术成果推向国际市场，提升国家在国际标准制定中的话语权和影响力。

5. 完善法律法规体系

法律法规体系是质量检测规范更新与完善的有力支持。政府应当及时修订相关法规，确保其与最新的质量检测规范保持一致。法规的适应性和及时性对于规范的执行起到了积极的引导作用。

质量检测规范的更新与完善是确保产品和工程质量的关键环节。科技的进步、市场需求的变化、经验教训的积累等因素促使规范需要不断调整。为了有效推动规范的更新，需要建立专业的标准制定机构、加强国际合作、引入市场机制、完善法律法规体系等多方面的措施。政府、行业协会、企业等各利益相关方应共同努力，形成合力，确保质量检测规范的更新更加科学、合理和顺畅。这不仅有助于提高产品和工程的质量水平，也为企业提供了更广阔的市场机遇。

第五章 市政道路交通规划与设计

第一节 市政道路交通规划的基本原则

一、市政道路交通规划的整体性原则

市政道路交通规划是城市发展的基础和保障，涵盖了城市道路网络、交通流动、交叉口设计、交通设施等多个方面。在规划的过程中，整体性原则被认为是至关重要的，它旨在协调、统一各个规划要素，确保城市交通系统的高效运行、安全性和可持续性。本章节将深入探讨市政道路交通规划的整体性原则，包括其定义、重要性、实施方法以及相关的挑战与应对策略。

（一）整体性原则的定义

整体性原则是指在市政道路交通规划中，要综合考虑城市的整体发展需求、人口流动、土地利用、环境影响等多个方面的因素，以确保规划的全面性和协调性。这一原则旨在避免片面追求某一方面的发展，而忽视其他因素可能带来的问题。通过综合考虑各个要素，整体性原则旨在实现城市交通系统的高效性、可持续性和社会经济的协调发展。

（二）整体性原则的重要性

1. 优化交通流动

整体性原则的核心目标之一是优化城市交通流动。通过统筹考虑道路布局、交叉口设置、公共交通等多个方面的因素，规划能够更好地解决拥堵问题，提高交通运输效率，减少通勤时间，改善城市居民的出行体验。

2. 降低环境影响

城市交通规划的整体性原则还注重降低对环境的不良影响。通过科学合理的规划，可以减少交通污染、噪音污染等环境问题。采用环保技术和绿色交通手段，有助于打造更为宜居的城市环境。

3. 确保城市可持续发展

整体性原则有助于确保城市交通规划与城市的可持续发展目标相一致。考虑到人口增长、经济发展、土地利用等多个方面的因素，规划能够更好地适应城市未来的发展需求，防止交通系统因城市变化而产生不适应和滞后。

4. 提升城市形象和品质

合理的整体性规划可以提升城市的形象和品质。规划中考虑到道路设计、景观规划等因素，有助于创造出具有城市特色、宜人宜居的交通环境，提升城市的文化底蕴和居住品质。

5. 促进经济社会协调发展

整体性原则在考虑城市交通规划时，需要综合考虑经济、社会、环境等多个方面的因素。通过规划的科学性和协调性，能够促进各个领域的协调发展，推动城市经济和社会的全面提升。

（三）实施整体性原则的方法

1. 综合交通调查与分析

在制定市政道路交通规划之前，必须进行综合的交通调查与分析。这包括城市交通流量、道路状况、人口分布、出行需求等多个方面的数据收集与分析。通过全面的调查，规划者能够更准确地了解城市的交通状况，为制定整体性规划提供科学依据。

2. 制定综合性规划方案

基于综合调查与分析的结果，制定综合性规划方案是实施整体性原则的关键步骤。这需要在考虑交通流动、土地利用、环境保护、社会需求等方面，形成一个相互协调的整体规划方案。规划中需要包括道路网布局、交叉口设计、公共交通发展、非机动车道建设等多个方面的内容。

3. 引入现代科技手段

现代科技手段的引入对于实施整体性原则具有重要作用。交通模拟技术、智能交通系统等先进技术能够帮助规划者更好地理解和预测城市交通状况。通过模拟和数据分析，规划者能够更准确地评估各种规划方案的可行性和效果。

4. 强化多方参与与协同合作

实施整体性原则需要多方的参与与协同合作。城市规划部门、交通管理部门、环保部门、社区居民等各方都应该参与规划的制定和实施过程。通过协同合作，能够更好地平衡各方利益，保障整体性规划的顺利实施。

5. 强调可持续性考虑

在规划过程中，强调可持续性考虑是实施整体性原则的必要手段。这包括推动公共交通发展、鼓励步行和骑行、减少私人汽车使用等措施，以降低对环境的不良影响，同时满足城市长期发展的需要。

6. 灵活调整与更新

整体性原则需要在规划实施中灵活调整与更新。随着城市发展、科技进步和社会变化，规划方案可能需要不断调整，以适应新的需求和挑战。灵活的更新机制有助于规划的持续有效性。

（四）面临的挑战与应对策略

1. 多部门协调难题

由于城市交通规划涉及多个领域，多个部门的协调是一个复杂的问题。不同部门可能存在利益冲突和意见分歧，从而阻碍整体性原则的实施。为解决这一问题，可以建立跨部门协调机制，设立联席会议，通过共同研究和制定方案，确保各部门利益的平衡。

2. 城市快速发展带来的压力

在城市快速发展的过程中，交通压力可能会急剧增加，对整体性原则的实施提出更高要求。在这种情况下，应通过提高投资力度、科技手段的应用、引导居民出行方式等措施，加强交通基础设施建设，以应对城市发展带来的交通挑战。

3. 新技术应用的不确定性

随着新技术的不断涌现，其应用在城市交通规划中具有一定的不确定性。规划者需要对新技术的影响和效果进行深入研究，确保其能够与整体性原则相协调。强化与科研机构的合作，及时了解和应用新技术，是应对这一挑战的有效途径。

4. 市民参与的难题

市政道路交通规划的整体性原则要求充分考虑市民的需求和意见，但市民参与并不容易实现。在规划制定的过程中，需要建立有效的信息沟通和参与机制，通过听取市民的建议和意见，形成广泛共识，提高整体性原则的实施效果。

5. 资金限制问题

城市交通规划的实施通常需要大量的资金投入。资金限制可能会影响规划的全面性和协调性。为解决这一问题，可以探索多元化的融资模式，积极引入社会资本，发挥市场机制的作用，提高规划实施的资金保障。

市政道路交通规划的整体性原则是确保城市交通系统高效运行、安全可持续发展的基石。通过优化交通流动、降低环境影响、确保城市可持续发展等方面，整体性原则为城市交通规划提供了科学的指导思想。实施整体性原则需要综合考虑多方面的因素，采用综合性的调查分析方法，建立多方参与机制，引入现代科技手段，并及时调整更新规划方案。面对挑战，需要加强协调、灵活应对，以确保整体性原则的成功实施，推动城市交通规划与城市发展的协调发展。

二、市政道路交通规划的可持续发展原则

随着城市化进程的不断推进，交通问题日益成为城市发展中的一大挑战。为了构建更为高效、安全、环保的城市交通系统，可持续发展原则成为市政道路交通规划的重要指导思想。本章节将深入探讨市政道路交通规划的可持续发展原则，包括定义、重要性、实施方法以及相关挑战与应对策略。

（一）可持续发展原则的定义

可持续发展原则是指在城市道路交通规划中，通过平衡社会、经济和环境的关系，以满足当前需求而不损害未来世代需求为出发点，持续推动城市交通系统的发展。可持续发展原则旨在通过科学合理的规划和管理，实现城市交通的长期健康发展，同时最大程度地减少对环境和资源的负面影响。

（二）可持续发展原则的重要性

1. 保障城市居民的出行权利

可持续发展原则能够确保城市居民的出行权利得到充分保障。通过建设便捷、高效、安全的交通系统，居民可以更便利地进行日常出行，提高居民生活质量。

2. 降低交通对环境的不良影响

在可持续发展的框架下，交通规划需要减少对环境的负面影响。采用清洁能源、优化交通流动、降低尾气排放等措施有助于减缓交通活动对空气、水质和噪音等环境的污染，保护城市生态系统。

3. 提高交通系统的效率和安全性

通过可持续发展原则，交通规划可以更加关注交通系统的效率和安全性。合理规划道路布局、提供公共交通、建设智能交通系统等举措有助于提高城市交通的运行效率，减少交通事故的发生，确保居民的出行安全。

4. 促进经济社会协调发展

可持续发展原则考虑到经济、社会、环境等多个方面的因素，有助于推动这些因素的协调发展。合理规划交通系统，提高城市可达性，促进城市不同区域的协调发展，推动城市经济社会的全面提升。

5. 提升城市形象和品质

通过可持续发展原则，交通规划能够提升城市形象和品质。打造宜行宜居的城市空间，注重景观绿化、人行道建设、文化氛围等方面，有助于吸引人才、投资，提高城市的整体形象和居住品质。

（三）实施可持续发展原则的方法

1. 制定综合交通规划

制定综合交通规划是实施可持续发展原则的关键步骤。这需要通过充分了解城市的交通需求、土地利用、环境特征等，综合考虑公共交通、自行车道、步行系统等多种交通方式，形成一个全面的交通规划方案。

2. 鼓励低碳交通工具的使用

可持续发展原则强调减少碳排放，因此鼓励低碳交通工具的使用是一种有效的实施方法。通过发展城市自行车系统、提供便捷的步行环境、推动电动交通工具的普及，有助于减少对环境产生的不良影响。

3. 推动智能交通系统建设

智能交通系统的建设有助于提高交通系统的效率和安全性。通过引入先进的技术，如智能信号灯、智能交通监控系统，可以优化交通流动，提高道路利用率，减少交通拥堵。

4. 优化土地利用规划

合理的土地利用规划是实施可持续发展原则的前提。通过优化城市用地结构，推动居住区、商业区、办公区的合理布局，缩短居民通勤距离，降低交通需求，实现城市交通的可持续发展。

5. 引入生态设计理念

生态设计理念是可持续发展的重要组成部分。在交通规划中，可以引入生态设计理念，通过植被绿化、雨水收集、城市湿地等方式，构建具有生态环境友好性的道路和交通系统。

（四）面临的挑战与应对策略

1. 资金和技术压力

实施可持续发展原则可能面临资金和技术方面的压力。城市交通规划的实施需要大量的投资，尤其是引入新技术和绿色交通设施可能需要更高成本。为了应对这一挑战，可以通过多渠道筹措资金，包括政府投资、PPP 模式（公私合作）、引导社会资本参与等。同时，鼓励科技创新和提高技术水平，以降低可持续发展交通规划的实施成本。

2. 利益冲突和多元化需求

城市中涉及多方面的利益和多元化的需求，包括交通运输、土地利用、环境保护等。这些利益之间可能存在冲突，例如，一些建设项目可能受到居民反对，或者商业区的发展与环保的要求存在矛盾。在面对这一挑战时，需要建立有效的协调机制，通过广泛的社会参与和政府引导，寻求各方的共识，达成平衡。

3. 社会文化的差异

不同地区和国家存在着不同的社会文化和出行习惯。在进行可持续发展交通规划时，需要考虑到这些文化差异，以确保规划的实施与当地的社会文化相协调。在面对文化差异时，可采取灵活的策略，例如定制化规划、开展文化宣传等，以促使规划更符合当地社会的需求。

4. 技术更新和市场变化

随着科技的不断更新和市场的变化，城市交通规划需要不断调整来适应新技术和新趋势。因此，规划者需要保持对技术和市场的敏感性，定期进行规划的评估和更新。此外，建立灵活的规划机制，使得规划能够得到及时调整，以适应城市发展的变化。

5. 政策和法规的支持不足

可持续发展的交通规划需要政策和法规的支持，以确保规划的有效实施。然而，有时政策和法规的制定和执行会存在不足。为了解决这一问题，需要推动相关法规的修订，制定更加有利于可持续发展交通规划的政策，并强化对规划的监管和执行。

可持续发展原则作为城市交通规划的指导思想，强调在满足当前需求的同时，保障未来世代的发展需求，实现城市交通的长期可持续发展。在实施过程中，需通过综合交通规划、推动低碳交通工具、智能交通系统建设、优化土地利用规划等多种手段，以应对面临的各种挑战。通过持续努力，城市交通规划能够更好地适应社会、经济和环境的需求，为建设更为宜居、繁荣、可持续的城市奠定坚实基础。在未来的规划中，可持续发展原则将继续发挥重要作用，引导城市交通系统走向更加可持续的发展道路。

第二节　市政道路交通基础设施规划与建设

一、道路网络规划与布局

随着城市化的不断推进和人口的增长，道路网络规划与布局成为城市规划中至关重要的一环。合理的道路网络规划可以促进交通的顺畅，提高城市的可达性，推动经济社会的发展。本章节将深入探讨道路网络规划与布局的定义、重要性、设计原则、实施方法以及可能面临的挑战与解决策略。

（一）道路网络规划与布局的定义

道路网络规划与布局是指在城市或区域内，通过对交通需求、土地利用、人口分布等多个因素的综合考虑，制定出合理的道路系统布局和交通网络规划。这一过程旨在确保城市内部和城市之间的交通流动得到有效组织，提高交通运输的效率，减少拥堵，创造便利的出行条件。

（二）道路网络规划与布局的重要性

1. 促进经济社会发展

合理的道路网络规划与布局对于促进经济社会发展具有重要作用。畅通的道路网络可以加速人员、货物的流动，促进商业、工业、服务业等各个领域的发展，推动城市整体经济水平的提升。

2. 提高城市可达性

道路网络规划与布局直接关系到城市的可达性。通过规划合理的道路布局，确保各个区域之间的畅通连接，可以提高城市内外的可达性，减少交通阻塞，为居民和企业提供更为便捷的出行条件。

3. 优化土地利用

道路网络规划与土地利用紧密相关，相互影响。通过科学规划，可以合理布局道路，促使土地的高效利用。同时，合理的道路布局还有助于避免过度的用地浪费，提高城市用地的综合利用效益。

4. 改善居民生活品质

畅通的道路网络可以减少交通拥堵，降低通勤时间，改善居民的生活品质。合理的规划不仅能够提高出行的效率，而且可以创造更宜居的城市环境，增强城市吸引力。

5. 保障交通安全

规划合理的道路网络布局有助于提高交通安全水平。通过合理设置交叉口、划定交叉路口等措施，可以减少事故发生的可能性，保障居民和行人的交通安全。

（三）道路网络规划与布局的设计原则

1. 综合考虑交通需求

道路网络规划应该综合考虑不同交通需求，包括机动车、非机动车、行人等的出行需求。通过了解不同交通参与者的需求，规划者可以更方便地制定适应多样出行方式的道路布局。

2. 服务功能定位明确

道路网络规划应考虑到不同道路的服务功能。主干道、次干道、支路等应有明确的定位和服务功能，以满足不同层级的交通需求。明确功能有助于合理分工，提高道路系统的整体效能。

3. 考虑土地利用和城市结构

道路网络规划应与土地利用和城市结构相协调。规划者需要根据城市的用地性质、城市发展方向，合理布局道路，避免交通阻塞和用地浪费，促进城市的有序发展。

4.引入交通管理与智能技术

通过引入先进的交通管理与智能技术,可以提高道路网络的效率。例如,智能信号灯、交通监控系统、智能导航等技术的运用,可以优化交通流动,减少拥堵,提高道路网络的整体性能。

5.绿色、可持续发展

在道路网络规划与布局中,绿色、可持续发展原则应得到重视。通过绿道、人行步道的设置,合理布局绿化带,可以创造更为宜居的城市环境,提高道路系统的可持续性。

(四)道路网络规划与布局的实施方法

1.基础数据收集

在进行道路网络规划时,需要收集城市的基础数据,包括人口分布、用地规模、交通流量等。这些数据是规划的基础,有助于规划者更全面地了解城市的特点,为规划提供科学的依据。

2.交叉口分析与设计

交叉口是道路网络的重要组成部分,合理的交叉口设计对于交通流动至关重要。规划者需要通过交叉口分析,确定交叉口的类型、布局和信号设置,以保障道路网络的畅通。通过采用先进的交叉口设计原则,如互通式立交、合理设置转向道等,可以最大程度地提高交叉口的通行效率。

3.客观评价交通流量

在道路网络规划中,客观评价交通流量是保障规划合理性的关键步骤。通过交通流量模拟和预测,规划者可以了解不同路段的交通负荷,从而调整道路宽度、车道数量等设计要素,以适应未来的交通需求。

4.引入智能交通系统

智能交通系统的引入对于道路网络的管理和运行至关重要。通过实施智能交通管理手段,如智能信号灯、交通监控摄像头、实时导航系统等,可以提高交通系统的智能化水平,更好地应对交通拥堵、事故等问题。

5.制定详细的规划方案

基于收集的数据和分析结果,规划者需要制定详细的规划方案。这包括道路的具体布局、交叉口设置、人行道设计、公共交通线路规划等方面。规划方案要充分考虑交通需求、土地利用、环境保护等多个因素,确保规划的全面性和协调性。

6.推动可持续发展理念

在道路网络规划与布局中,要积极践行可持续发展理念。采用绿色建筑材料、设置绿道和人行步道、鼓励低碳出行等手段,可以使道路网络更环保、更符合可持续发展的原则。

二、公共交通设施规划与建设

随着城市化的快速发展和人口增长，公共交通成为缓解交通拥堵、提高城市可达性的重要方式。公共交通设施规划与建设是城市规划的关键组成部分，直接影响居民的出行体验、城市的可持续发展。本章节将深入探讨公共交通设施规划与建设的定义、重要性、设计原则、实施方法以及可能面临的挑战与解决策略。

（一）公共交通设施规划与建设的定义

公共交通设施规划与建设是指在城市或区域范围内，通过科学规划和建设公共交通系统，包括地铁、公交车、有轨电车、公共自行车等，以提供高效、便捷、可持续的交通服务。这一过程旨在促进城市居民采用更为环保、经济的出行方式，同时减缓机动车辆增长对城市交通系统的压力。

（二）公共交通设施规划与建设的重要性

1. 缓解交通拥堵

公共交通设施的规划与建设有助于缓解城市交通拥堵。通过提供多样化、高效的公共交通工具，鼓励居民选择公共交通设施，减少私人车辆使用，进而降低道路交通压力，改善城市交通状况。

2. 提高城市可达性

规划合理的公共交通网络可以提高城市的可达性。通过建设便捷的公共交通设施，居民可以更方便、快捷地到达城市内各个区域，促进城市内外的联通，推动城市整体的发展。

3. 降低交通能耗与环境影响

采用公共交通方式相对于私人车辆，能够有效降低交通能耗和减少空气污染。规划和建设公共交通设施有助于推动城市绿色出行，减缓环境的恶化，践行可持续发展的理念。

4. 提升居民生活品质

良好的公共交通系统可以提升居民的生活品质。减少私人车辆的使用不仅减轻了交通压力，而且降低了交通事故的发生率，提高了出行的安全性，为居民创造更宜居的城市环境。

5. 促进社会公平

公共交通设施的规划与建设有助于促进社会公平。良好的公共交通系统可以为低收入人群提供经济实惠的出行方式，缩小城市交通服务的社会差距，提高城市的社会公平性。

（三）公共交通设施规划与建设的设计原则

1. 综合性规划

公共交通设施的规划需要综合考虑城市的交通需求、人口分布、土地利用等多个因素。综合性规划可以确保公共交通系统的完整性和协调性，使其能够更好地适应城市的整体发展。

2. 灵活性设计

公共交通设施的设计需要具有一定的灵活性，以适应城市未来的变化。随着城市发展，人口分布和出行需求可能会发生变化，灵活性设计可以使公共交通系统更具适应性，从而更好地服务城市居民。

3. 创新技术应用

引入创新技术是公共交通设施规划与建设的重要设计原则。例如，智能调度系统、电动公共交通工具等新技术的应用可以提高公共交通系统的效率和环保性，提升服务水平。

4. 服务多样性

公共交通设施的设计应考虑到不同群体的需求，包括老年人、残疾人等。通过设置无障碍设施、提供多种支付方式、确保车辆安全舒适等服务多样性措施，可以更好地服务不同居民群体。

5. 良好的空间整合

公共交通设施应与城市空间整体融合，避免与其他城市设施产生冲突。合理规划车站、换乘中心等节点，与周边环境协调融合，形成人文、生态友好的城市交通系统。

（四）公共交通设施规划与建设的实施方法

1. 政府引导与投资

政府引导与投资是推动公共交通设施规划与建设的重要途径。政府可以通过出台激励政策、提供资金支持等方式，引导社会资本参与公共交通建设，促进公共交通设施的发展。

2. 公私合作模式

公私合作模式是推动公共交通设施规划与建设的有效方式之一。通过引入私营企业，政府与企业共同投资、运营，可以提高资金的灵活运用，加速项目实施进度。这种合作模式还能引入企业管理的灵活性，促使公共交通设施更具市场竞争力。

3. 全过程参与与社会治理

在公共交通设施规划与建设中，全过程参与和社会治理是保障项目成功的重要手段。通过广泛征求社会各界的意见，包括市民、专业人士、社区组织等，可以提高规划的科学性和可行性，增强项目的社会接受度。

4. 先进技术应用

先进技术的应用是公共交通设施规划与建设的重要途径。智能交通管理系统、电动交通工具、无人驾驶技术等新兴技术的引入，可以提高公共交通设施的运行效率、减少能源消耗、提高服务质量。

5. 联合城市规划

公共交通设施规划与城市规划紧密相连，需要进行有效的联合规划。通过协同规划，确保公共交通设施与城市的发展方向相一致，实现交通与城市空间的有机整合，提高城市的可达性和宜居性。

6. 强化综合交通体系

强化综合交通体系是公共交通设施规划与建设的关键要素。通过与其他交通方式的衔接，如步行、自行车、私人车辆等，形成高效的综合交通网络。这有助于提高公共交通的服务水平，方便居民更便捷地实现多模式出行。

第三节　新技术在市政道路交通工程中的应用

一、智能交通系统的应用

随着科技的不断发展，智能交通系统（ITS）作为一种综合运用信息技术、通信技术和控制技术的交通管理系统，正逐渐成为现代城市交通管理的重要工具。智能交通系统以提高交通效率、降低事故率、改善出行体验为目标，涵盖了诸多领域，包括交通信息采集、智能交通信号控制、智能交通管理和服务等。本章节将深入探讨智能交通系统的定义、重要性、应用领域、技术原理、实施方法以及可能面临的挑战与解决策略。

（一）智能交通系统的定义

智能交通系统是一种运用现代信息技术、通信技术和控制技术，对交通流进行实时感知、分析、控制和管理的综合性系统。它通过网络、传感器、控制设备等手段，实现了交通信息的高效获取、分析和应用，提高了交通系统的智能化水平，为城市交通提供了更为科学、高效的管理手段。

（二）智能交通系统的重要性

1. 提高交通效率

智能交通系统通过实时监测交通流、优化信号控制、智能导航等手段，能够更精准地预测交通状况，提高交通流的运行效率，减少交通拥堵。

2. 降低交通事故率

智能交通系统通过车辆间通信、智能交叉口管理等技术，提升了交通的安全性。实时监测交通状况，及时发现交通事故隐患，减少事故发生的可能性，降低交通事故发生率。

3. 改善出行体验

通过智能交通系统，用户可以获取实时的交通信息，包括路况、公共交通信息、停车位情况等。这使得出行更为便捷，提升了出行体验，减少了出行时间的不确定性。

4. 促进城市可持续发展

智能交通系统有助于优化交通流，减少能源消耗和排放，促进城市的可持续发展。通过引入新能源交通工具、智能交通信号控制等方式，降低对环境的影响，推动绿色、低碳交通。

5. 提高城市管理水平

智能交通系统提供了大量的实时数据和分析工具，有助于城市管理者更好地了解交通状况，制定科学合理的交通政策，提高城市管理水平和服务水平。

（三）智能交通系统的应用领域

1. 交通信息采集与分析

智能交通系统通过各类传感器、摄像头、地理信息系统（GIS）等设备，实时采集交通流信息、道路状况、车辆行驶轨迹等数据，通过大数据分析，形成对城市交通的全面了解。

2. 智能交通信号控制

通过智能交通信号控制系统，交通信号可以根据实时交通流量和需求进行智能调整。采用自适应控制、协调控制等技术，优化信号配时，提高交叉口通行能力，减少拥堵。

3. 智能交通管理与调度

智能交通系统可以通过远程监控、调度中心的集中管理，实现对城市交通的实时调度。通过交通流预测、事件处理等途径，提高交通系统的整体效能。

4. 智能停车系统

智能停车系统利用传感器、摄像头等设备，实时监测停车位的占用情况，并通过手机 APP 等方式提供实时停车信息。这有助于减少寻找停车位的时间，提高停车位利用率。

5. 智能交通安全监控

智能交通系统通过视频监控、智能驾驶辅助系统等技术，实现对交通安全的实时监控。能够及时发现交通违法行为、事故隐患，提升交通安全水平。

6. 智能交通服务与导航

智能交通系统通过智能导航、路径规划等服务，为驾驶员和乘客提供实时的交通信息、最优路径推荐等服务。这有助于减少通勤时间、提高出行效率。

（四）智能交通系统的技术原理

智能交通系统依赖于多种先进的技术来实现其功能，主要包括以下几点：

1. 传感技术

智能交通系统广泛使用各类传感器，主要包括摄像头、激光雷达、微波雷达、车载传感器等，用于实时感知交通流、车辆位置、道路状况等信息。这些传感器能够提供准确、实时的数据，为系统提供基础信息。

2. 通信技术

通信技术是智能交通系统实现信息传递和联动的关键。无线通信技术，如5G、物联网技术等，被广泛运用于车辆间通信、车辆与基础设施的通信，实现实时信息传递和协同操作。

3. 大数据分析

大数据分析是智能交通系统的核心，通过对大量实时数据的分析，可以揭示交通流、拥堵状况、事故发生概率等信息。这有助于做出合理的交通规划和决策。

4. 人工智能与机器学习

人工智能和机器学习技术在智能交通系统中得到了广泛应用。通过算法的学习和优化，系统能够更准确地进行交通预测、信号优化、路径规划等，提高系统的自适应性和智能化水平。

5. 全球定位系统（GPS）

GPS技术在智能交通系统中用于车辆定位、路径规划和导航。通过GPS，系统可以实时监测车辆位置，为驾驶员和乘客提供实时的导航和交通信息。

（五）智能交通系统的实施方法

1. 逐步实施

由于智能交通系统涉及多个方面，包括基础设施、车辆装备、通信网络等，因此实施时可采取逐步推进的方式。可以先在重要节点区域或交叉口部署部分系统，逐渐扩大范围，以确保系统的适应性和可靠性。

2. 政府引导与支持

政府在智能交通系统的实施中发挥着重要作用。政府可以提供投资支持、制定政策法规、推动标准化建设，同时引导相关企事业单位参与，形成政府、产业、社会的合力。

3. 数据隐私与安全保障

在实施智能交通系统时，必须高度重视数据隐私和安全保障。建立完善的数据隐私保护法规、采用加密技术、建立防火墙等手段，确保用户和交通信息的安全。

4. 公众参与与沟通

公众参与是智能交通系统成功实施的关键。通过开展公众调查、举行座谈会、加强社区沟通，获取居民的意见和反馈，来提高公众对智能交通系统的接受度。

5. 产业协同发展

在智能交通系统的实施中，需要形成产业协同发展的格局。政府、企业、研究机构等不同方面的力量需要密切协作，形成互补、合作的局面，推动智能交通系统产业的健康发展。

二、绿色交通技术的应用

随着全球对可持续发展的日益关注，绿色交通技术作为推动城市可持续发展的重要手段逐渐受到广泛关注和应用。这一领域涵盖了多个方面，包括电动交通工具、智能交通管理、可再生能源应用等。本章节将深入探讨绿色交通技术的定义、重要性、主要应用领域、技术原理、实施方法，以及可能面临的挑战与解决策略。

（一）绿色交通技术的定义

绿色交通技术是指通过采用环保、节能、低碳的技术方式，实现交通系统的可持续发展，减少对环境的负面影响，提高能源利用效率的一系列技术和方法。这些技术涵盖了交通工具、交通基础设施、交通管理等多个方面，旨在推动城市交通向更为环保和经济可行的方向发展。

（二）绿色交通技术的重要性

1. 缓解交通污染

传统交通方式，特别是以燃油车辆为主的机动交通，是城市交通污染的主要来源之一。绿色交通技术的应用，如电动交通工具的推广、燃料电池车的发展等，有助于减少尾气排放，改善空气质量，缓解交通污染等问题。

2. 降低温室气体排放

交通运输是温室气体排放的主要来源，尤其是二氧化碳（CO_2）的排放对气候变化产生重要影响。绿色交通技术的推动，如电动车辆的普及、混合动力技术的应用，有助于降低温室气体的排放，对气候变化产生积极影响。

3. 节约能源资源

传统燃油交通不仅对空气质量有害，而且对能源资源产生了巨大压力。绿色交通技术，尤其是电动交通工具、可再生能源的应用，有助于减少对石油等非可再生能源的依赖，实现能源资源的更为可持续利用。

4.提高城市交通效率

智能交通管理系统、交通信息采集与分析技术等绿色交通技术的应用，有助于提高城市交通的运行效率。通过实时监测交通状况、优化信号控制、智能导航等手段，减缓交通拥堵，提高道路交通效率。

5.促进城市可持续发展

绿色交通技术在推动城市可持续发展方面发挥着关键作用。通过减少对自然资源的侵蚀、改善环境质量，绿色交通技术能够为城市提供更为健康、宜居的发展环境。

（三）绿色交通技术的主要应用领域

1.电动交通工具

电动交通工具是绿色交通技术的代表之一。电动汽车、电动自行车、电动滑板车等的推广应用，有助于替代传统燃油交通，降低尾气排放，减轻对能源的依赖。

2.公共交通系统

公共交通系统的绿色化是城市交通可持续发展的关键。引入电动公交车、有轨电车、轨道交通等绿色交通工具，优化线路规划和管理，提高公共交通的便捷性，是绿色交通技术的重要应用领域。

3.智能交通管理系统

智能交通管理系统通过传感技术、大数据分析等方式，实现对交通流的实时监测和调度。优化信号控制、提供智能导航服务等，有助于提高道路通行效率，减缓交通拥堵。

4.可再生能源在交通中的应用

可再生能源的应用是绿色交通技术的重要方面。太阳能、风能等可再生能源的利用，用于电动交通工具的充电、交通信号灯的供电等，有助于降低交通系统对传统能源的依赖。

5.智能交通信息服务

智能交通信息服务通过应用软件、导航系统等，为驾驶员和乘客提供实时的交通信息、最优路径规划等服务。这有助于提高出行效率，减少交通拥堵对城市造成的影响。

（四）绿色交通技术的技术原理

1.电动交通工具技术原理

电动交通工具使用电池或燃料电池作为动力源，通过电动机驱动车辆运动。其技术原理主要包括：

电池储能技术：电动交通工具使用高性能的锂电池、聚合物电池等先进电池技术，储存电能以供电动机使用。

电动机技术：电动交通工具采用不同类型的电动机，如直流电动机、异步电动机等，将电能转化为机械能，推动车辆运动。

充电技术：电动交通工具通过充电系统进行电池充电，可分为交流充电和直流充电两种方式。充电技术的发展影响着电动交通工具的使用便利性和充电速度。

2. 公共交通系统技术原理

公共交通系统的绿色化主要通过电动公交、有轨电车等方式实现，其技术原理包括以下几点：

电动公交技术：电动公交车采用电池或电动机车，充电设施分布在公交线路或终点站。电动公交技术的原理与电动车辆类似，关键在于充电设施的合理规划和分布。

有轨电车技术：有轨电车通过接触网或悬挂电缆获取电能，利用电动机推动车辆行驶。技术原理主要包括电能传输系统、牵引系统和车辆动力系统。

3. 智能交通管理系统技术原理

智能交通管理系统通过信息技术、通信技术、大数据分析等实现对交通流的监测和优化，其技术原理包括以下几点：

传感技术：运用摄像头、雷达、激光雷达等传感器实时监测交通流、道路状况、车辆位置等信息。

通信技术：通过无线通信技术，实现交通管理中心与交通信号、路边设备、车辆之间的实时通信，进行信息传递和调度。

大数据分析：收集大量的实时交通数据，利用大数据分析技术，对交通流进行预测、优化信号控制、提供智能导航服务等。

4. 可再生能源在交通中的应用技术原理

可再生能源在交通中的应用主要通过太阳能、风能等方式，其技术原理包括以下几点：

太阳能应用：利用太阳能电池板将阳光转化为电能，为交通信号灯、电动交通工具充电等提供清洁能源。

风能应用：利用风力发电机，将风能转化为电能，为交通设施提供电力支持，减少对传统能源的依赖。

5. 智能交通信息服务技术原理

智能交通信息服务主要通过应用软件、导航系统等实现，其技术原理包括：

交通数据采集：利用定位服务（如 GPS）、移动网络等技术采集实时的交通数据，包括道路状况、拥堵情况、停车位信息等。

大数据分析：对采集到的大量交通数据进行分析，提取有用信息，包括交通拥堵预测、最优路径规划等。

用户界面和导航算法：通过用户界面展示实时交通信息，结合导航算法为用户提供最优路径，帮助用户避开拥堵区域。

（五）绿色交通技术的实施方法

1. 制定政策法规

政府在推动绿色交通技术的应用方面发挥着关键作用。制定相关政策法规，包括减免电动车辆购置税、建设充电桩基础设施、支持公共交通绿色化等，为绿色交通技术的发展提供政策支持。

2. 加强技术研发

持续加强绿色交通技术的研发，包括电动交通工具的性能优化、智能交通管理系统的算法升级、可再生能源在交通中的应用技术创新等。通过技术创新方式提高绿色交通技术的效能和可行性。

3. 建设基础设施

建设基础设施是绿色交通技术应用的关键环节。包括建设电动车充电桩、公共交通线路规划、可再生能源发电设施等，为绿色交通提供必要的基础设施支持。

4. 推动产业发展

推动绿色交通技术产业的发展，鼓励企业投入绿色交通技术领域。通过引导资金、提供税收优惠等方式，吸引企业参与绿色交通技术的创新和应用。

第六章　道路网络规划与设计

第一节　道路规划的基本原则

一、道路规划的系统性原则

道路规划是城市和地区规划的重要组成部分，它直接影响着城市的可持续发展、居民的出行体验以及交通系统的高效运行。道路规划需要遵循一系列系统性原则，以确保道路网络的科学布局、合理设计，满足未来城市交通的需求。本章节将深入探讨道路规划的系统性原则，包括可持续性、综合性、灵活性、安全性、可访问性、社会公平性等多个方面。

（一）可持续性原则

1. 环境可持续性

道路规划应当关注环境可持续性，以减少对自然环境的不良影响。这包括减少土地使用、保护生态系统、降低能源消耗、控制空气和水质污染等方面。采用低碳、绿色的建设方式，例如绿化隔离带、应用透水铺装，有助于最大限度地减缓道路建设对环境的破坏。

2. 社会可持续性

道路规划需要促进社会可持续性，满足不同居民群体的出行需求，提高社会公平性。通过合理的交叉口设置、便捷的公共交通接驳、鼓励步行和骑行等方式，确保城市居民能够更为便利、低碳地进行出行，减少对环境造成的负面影响。

3. 经济可持续性

在道路规划中，要关注经济可持续性，确保投入与回报之间的平衡。合理的交通网络能够促进城市经济发展，提高交通运输效率，减少交通拥堵，为城市提供更为稳健的基础设施。

（二）综合性原则

1. 多模式交通一体化

综合性原则强调多模式交通一体化，即将不同交通方式融合在一个系统中，提高出行的便捷性。综合考虑汽车、公共交通、自行车、步行等多种出行方式，设计合理的交通网络，保证它们之间的衔接和协同运行。

2. 地区协调发展

在道路规划中，需要考虑城市和地区的协调发展，确保道路网络与城市的总体规划相一致。这意味着不仅要满足当前的交通需求，而且要考虑未来城市扩张、人口增长等因素，以便在未来的发展中仍然保持高效运行。

3. 公共设施整合

道路规划应当与其他公共设施的规划相整合，包括水、电、气等基础设施。通过统筹规划，可以避免重复建设、提高资源利用效率，实现不同设施之间的优化协同。

（三）灵活性原则

1. 可调整性

灵活性原则要求道路规划具有一定的可调整性，能够适应未来的城市变化和交通需求的变化。这包括在规划中留出可拓展的余地，预留未来交叉口、公交站点等的位置，以应对未来城市的扩张和发展。

2. 技术更新

道路规划需要及时采纳新的技术成果，以适应交通科技的发展。例如，智能交通管理系统、自动驾驶技术等应用，能够提高道路利用效率，减少交通事故，提升出行体验。

3. 弹性规划

弹性规划是一种考虑未来变化的规划方式，通过预留多功能的用地和交叉口，以应对不同交通流量和城市功能的变化。这样的规划能够在不破坏整体结构的情况下，更好地适应城市的发展。

（四）安全性原则

1. 交叉口设计安全

交叉口是道路网络中事故易发区域，因此在规划中需要更加注重交叉口的设计安全。采用科学的交叉口布局、信号灯控制、人行道设置等手段，降低事故发生的概率，提高交叉口通行的安全性。

2. 行人和非机动车安全

考虑到行人和非机动车的安全是道路规划的重要方面。规划中需要设置合适的人行道、过街通道、非机动车道等设施，保障行人和非机动车的安全通行。

3. 交通信号系统安全

交通信号系统是道路规划中的重要组成部分，它直接关系到交叉口的通行安全。采用先进的智能交通信号系统、红绿灯定时调整等技术手段，确保交叉口的信号控制合理有效，避免交叉口拥堵和事故的发生。

4. 道路几何和标线设计

道路几何和标线设计直接关系到驾驶员的视觉感知和行车安全。规划中需要考虑合适的车道宽度、曲线半径、坡度等，以及明确的标线和标牌设置，为驾驶员提供清晰的引导，降低行车风险。

（五）可访问性原则

1. 公共交通接驳

保障公共交通与道路网络的良好接驳是可访问性原则的核心。通过规划设置公交站点、轨道交通站点，以及方便的步行通道，提高不同交通方式之间的衔接，使得城市居民更容易实现多模式出行。

2. 无障碍通行设计

无障碍通行设计是为了保障老年人、残疾人等特殊群体也能够方便、安全地使用道路。规划中需要设置无障碍人行道、坡道、盲道等，提高城市的包容性和可访问性。

3. 人性化设计

人性化设计强调道路规划应该贴近居民的实际需求，使得城市的交通系统更符合人们的期望。这包括设置休息区域、绿化带、文化艺术装置等，提高城市的宜居性，使市民更愿意选择步行、骑行等健康出行方式。

（六）社会公平性原则

1. 区域公平

规划中需要考虑区域公平性，确保不同区域都能够享有公平的交通服务。避免某些区域过度集中资源，造成其他地区的交通压力过大，通过合理的规划均衡城市各个区域的交通需求。

2. 收入公平

在道路收费和交通服务费用方面，需要考虑收入水平的公平性。合理设定收费标准，确保不同经济水平的居民都能够承受合理的费用，减缓社会不公平现象。

3. 服务公平

规划中需要保障交通服务的公平性，确保不同社会群体都能够享受到高质量的交通服务。这包括公共交通的覆盖范围、服务频次等，让城市居民都能够受益于交通规划的改善。

（七）道路规划的实施方法

1. 多方合作

道路规划的实施需要多方合作，包括政府、企业、社区等多个利益相关方。建立合作机制，形成政府引导、企业参与、社区反馈的良性互动，共同推动规划的实施。

2. 民众参与

应该充分听取和吸纳市民的意见，实施民众参与是道路规划的关键环节。通过开展公众听证会、座谈会、问卷调查等方式，获取市民对规划的看法和建议，提高规划的科学性和社会接受度。

3. 阶段实施

道路规划的实施可以分阶段进行，根据城市发展的不同阶段逐步推进。首先需要关注城市核心区域和交通"瓶颈"，逐步扩展至城市边缘区域，确保规划的适应性和可持续性。

4. 制定配套政策

实施道路规划需要有配套的政策支持。例如，对采用清洁能源交通工具的鼓励政策、对绿色交通项目的资金支持等，以确保规划的可行性和有效性。

5. 定期评估和调整

定期评估和调整是规划实施的必要环节。随着城市发展和交通需求的变化，需要对规划进行定期评估，及时调整规划方案，确保其与城市实际情况相适应。

道路规划的系统性原则是城市交通规划的基石，它综合考虑了可持续性、综合性、灵活性、安全性、可访问性和社会公平性等多个方面。通过科学的规划和实施方法，可以使城市交通系统更加科学、高效、人性化，为城市居民提供更为便捷、安全、环保的出行方式。在未来的城市发展中，道路规划的系统性原则将继续发挥重要作用，推动城市交通朝着更加可持续和智能化的方向发展。

二、道路规划的适应性原则

随着城市不断发展和变化，道路规划的适应性成为确保城市交通系统持续有效运作的关键因素。适应性原则强调规划需要灵活应对未来的城市发展、交通需求和技术创新，以确保道路网络的可持续性和适用性。本章节将深入探讨道路规划的适应性原则，包括对城市增长的应对、技术创新的整合、环境变化的考虑等多个方面。

（一）城市增长的适应性

1. 弹性用地规划

适应未来城市增长的首要原则之一是弹性用地规划。规划中应预留足够的土地用于未来道路扩建、新的交叉口建设等，确保道路网络能够随着城市人口的增长而灵活扩展，避免出现拓展空间不足的问题。

2. 阶段性规划

城市增长通常是一个渐进的过程，因此阶段性规划是适应性原则的一部分。规划应该根据城市的当前状况和未来的预测，制定短期和中长期的规划目标。这样可以在城市增长的不同阶段，及时调整和优化交通网络。

3. 多层次交通网络

适应性规划应该考虑构建多层次的交通网络，包括主干道、支路、快速通道等。这样的多层次设计能够更好地适应城市不同部分的发展速度和需求变化，使整个交通网络更具弹性。

（二）技术创新的整合

1. 智能交通管理系统

适应性原则要求整合智能交通管理系统，采用先进的技术手段，如传感器、大数据分析、人工智能等，实时监测和管理交通流，减缓交通拥堵，提高交通效率。

2. 自动驾驶技术

未来交通系统的一项重要技术创新是自动驾驶技术。适应性规划应考虑自动驾驶技术的融合，包括设置智能交叉口、自动驾驶专用道等，以便更好地适应未来交通工具的智能化发展。

3. 共享出行模式

随着共享经济的兴起，共享出行模式如共享汽车、共享单车等成为城市交通的一部分。适应性原则要求规划考虑这些新型出行方式，合理设置停车点、共享单车停放区域等，以适应不断变化的出行需求。

（三）环境变化的考虑

1. 气候变化

气候变化可能会导致极端天气事件，如暴雨、洪水等，对城市交通造成冲击。适应性规划需要考虑气候变化的影响，采用透水铺装、设立排水系统等方式，以减缓极端天气对道路的损害。

2. 空气质量

环境保护的要求日益提高，适应性规划应当考虑降低交通对空气质量的影响。鼓励使用电动车辆、建设绿道和绿化带等，以改善城市空气质量。

3. 地质条件

城市所处地质条件可能会对道路基础结构造成影响。适应性规划要充分考虑地质条件，采用合适的基础工程技术，确保道路在地质条件变化时能够保持稳定。

（四）人口结构的变化

1. 高龄化社会

随着人口高龄化趋势的增强，适应性规划应考虑老年人的出行需求。设置更多的无障碍设施、安全过街通道、公共交通服务等，以满足老年人出行的特殊需求。

2. 人口流动性

城市人口的流动性越来越强，适应性规划需要考虑人口流动的影响。这包括规划灵活的交通枢纽、交叉口，以应对交通流量的不断变化。此外，适应性规划也应考虑人口流动对公共交通系统的需求，推动多模式交通一体化的发展。

（五）新兴出行模式的融合

1. 微出行

微出行，如电动滑板车、短途共享单车等，是城市交通中新兴的出行方式。适应性规划需要整合这些微出行工具，包括设置停放区域、制定相应的规范管理措施，以适应城市交通日益多样化的出行需求。

2. 无人机交通

随着技术的不断进步，无人机交通也逐渐成为可能。适应性规划应考虑未来无人机交通的融合，包括无人机起降点、空中交通管制等，以确保未来城市交通网络的全面适应性。

3. 飞行汽车

飞行汽车的研发与应用也是交通创新的一部分。适应性规划需要预留飞行汽车起降区、飞行通道等，为未来可能出现的飞行汽车交通提供空间，以确保交通系统的多层次适应性。

（六）社会经济变革的考虑

1. 产业结构调整

城市产业结构的调整会影响到交通需求。适应性规划应考虑城市未来产业发展趋势，合理布局交通网络，确保新兴产业区与其他区域的联通便捷。

2. 远程办公趋势

远程办公的兴起改变了人们的通勤方式，适应性规划应考虑远程办公趋势对城市交通流量的影响。通过提供灵活的出行选择，包括多样的远程办公交通工具、智能交通管理系统的支持等，以适应城市居民的工作生活变化。

3. 服务业发展

服务业的快速发展可能会导致交通需求的集中变化。适应性规划应考虑服务业集聚区的出行需求，通过合理设计交通布局和配套服务，确保服务业区域的可持续发展。

（七）适应性规划的实施方法

1. 灵活用地管理

适应性规划的实施需要采用灵活的用地管理方式。城市应当建立动态的用地规划机制，通过定期评估城市发展状况，及时调整用地规划，确保用地能够适应城市的增长和变化。

2. 先进技术的引入

适应性规划需要依托先进技术，如智能交通系统、大数据分析等。通过引入这些技术，城市可以更好地监测和管理交通流，及时调整交通策略，确保适应性规划的实施效果。

3. 多方合作机制

适应性规划涉及多方合作，包括政府、企业、社区等多个利益相关方。建立联动机制，形成全社会的共识，共同推动适应性规划的实施。

4. 民众参与与反馈

民众参与是适应性规划不可或缺的环节。城市应当开展公众听证、座谈会、征集市民意见等活动，及时了解市民的需求和反馈，以调整规划方案。

5. 阶段性评估和调整

适应性规划需要建立阶段性的评估和调整机制。定期对规划方案进行评估，根据城市的实际发展情况和技术创新的进展，进行及时调整和优化。

道路规划的适应性原则是确保城市交通系统能够灵活应对未来挑战的重要保障。通过灵活用地管理、先进技术的引入、多方合作机制、民众参与与反馈以及阶段性评估和调整等方式，可以使城市道路规划更具适应性，以更好地满足不断变化的城市交通需求。在未来城市发展中，适应性原则将继续发挥关键作用，推动城市交通系统朝着更加灵活、智能、可持续的方向发展。

第二节　道路网络设计的要素与方法

一、道路网络设计的基本要素

道路网络设计是城市交通规划的核心组成部分，直接影响城市的交通效率、安全性和可持续性。设计一个合理高效的道路网络需要考虑多个基本要素，涵盖了道路结构、交叉口设计、交通管理系统等多个方面。本章节将深入探讨道路网络设计的基本要素，以确保城市交通系统的顺畅运行。

（一）道路结构和分类

1.道路等级

道路等级是道路网络设计的首要考虑因素之一。不同等级的道路承担不同的交通流量和功能。一般而言，城市主干道、快速路承载着较大的交通流量，连接城市的不同区域，而次干道和支路则服务于具体的居住区和商业区。

2.道路类型

道路类型主要包括城市快速路、城市主干道、城市次干道、城市支路等，每种类型的道路都有其独特的设计要求。例如，快速路需要考虑高速行驶和交叉口少的特点，而主干道则需要兼顾交叉口的设置和便捷性。

3.道路宽度和车道数

道路宽度和车道数直接影响交通容量和通行效率。设计时需要根据预计的交通流量和功能需求确定合适的道路宽度和车道数。主干道和快速路通常拥有更多车道，以容纳更多的交通流量。

（二）交叉口设计

1.交叉口类型

不同类型的交叉口适用于不同的道路和交叉流量。常见的交叉口类型包括十字形交叉口、T型交叉口、环形交叉口等。选择合适的交叉口类型有助于提高交叉口的通行能力和安全性。

2.交叉口控制

交叉口的控制方式直接影响交叉口的流量和效率。信号灯控制、停车标志、行人过街信号等是常见的交叉口控制方式。在设计中需要根据交叉口的特点和交通流量合理选择控制方式。

3.路口视线

良好的路口视线是确保交叉口安全的重要因素。设计时需要考虑车辆和行人的视线，避免盲点和视线受阻，以提高交叉口的安全性。

（三）交通管理系统

1.交通信号系统

交通信号系统是城市道路网络中重要的交通管理手段之一。设计良好的交通信号系统可以优化交叉口的交通流动，提高道路通行效率，减少拥堵。

2.智能交通系统

随着技术的进步，智能交通系统在道路网络设计中扮演着越来越重要的角色。包括车辆识别技术、智能交叉口管理、实时交通信息监测等，都有助于提高交通系统的智能化水平，提升城市交通管理效率。

（四）人行道和非机动车道设计

1. 人行道

合理设置人行道是城市道路网络设计的重要组成部分。人行道的宽度、材料选择、与机动车道的分隔方式等方面都需要考虑，以提供更加安全、舒适的步行环境。

2. 非机动车道

非机动车道是为自行车、电动车等非机动车辆设置的道路空间。设计时需要考虑非机动车道的宽度、与机动车道的分隔方式、交叉口的设计等，以确保非机动车辆的安全和便捷通行。

（五）公共交通设施

1. 公交站点

公交站点的合理设置对于提高公共交通效率至关重要。其需要考虑站点的位置、大小、候车设施、无障碍通行等方面，以提供方便、舒适的公交服务。

2. 车辆道路专用设施

在设计道路网络时，需要考虑为公共交通工具提供的专用车道、快速通道等。这有助于提高公共交通的运行速度，增强其竞争力。

（六）环境友好性

1. 绿化带和绿化设施

为了提高城市道路网络的环境友好性，需要设置绿化带和绿化设施。这不仅美化了城市环境，而且有助于改善空气质量、调节气温、降低交通噪音。

2. 透水铺装

透水铺装是一种环保的道路铺装材料，有助于提高道路的透水性，减少雨水径流，改善城市排水系统，防止水污染。

（七）安全设施

1. 交叉口可视性改善

提高交叉口的可视性是道路网络设计中需要关注的重要方面。通过合理设置交叉口的路缘石、植被、建筑物等，防止视线盲区的产生，可以降低交叉口事故的发生概率，提高道路的安全性。

2. 行人过街设施

为行人提供安全便捷的过街设施是保障道路安全的关键措施。合理设置人行横道、人行天桥、人行地下通道等，以确保行人在交叉口附近能够安全通行。

3. 交叉口红绿灯

交叉口红绿灯的设置是交通管理中重要的安全手段。通过科学的信号灯控制，可以有效减少交叉口事故的发生，提高道路的安全性。

（八）交通流模拟与优化

1. 交通流模拟

在道路网络设计中，通过采用交通流模拟技术，可以对交叉口、道路段的流量、拥堵情况进行模拟分析。这有助于评估设计方案的合理性，并进行针对性的优化。

2. 优化算法

利用优化算法对道路网络进行调整和优化是提高交通效率的一种方法。这包括交叉口信号灯的优化、车道分配的优化等，以确保道路网络在实际运行中具有更高的通行效率。

（九）智能交通管理

1. 实时监控系统

建设智能交通监控系统是提高城市道路网络管理水平的关键步骤。通过实时监控交通流、识别拥堵状况、提供实时信息，可以及时调整交通策略，提高城市交通系统的整体效能。

2. 大数据分析

运用大数据分析技术，对交通流、出行习惯等数据进行深入分析，有助于更好地了解城市交通的运行规律，为道路网络设计提供更为科学的依据。

（十）灾害防范

1. 防洪措施

在一些容易发生洪涝灾害的地区，道路网络设计需要充分考虑防洪措施，包括提高道路沿线的排水设施、采用透水铺装等，以减轻洪涝对道路的影响。

2. 防滑措施

在寒冷地区或多雨季节，道路表面容易结冰或积水，为了确保道路的安全性，需要采取防滑措施，如铺设防滑路面、加装防滑装置等。

（十一）环保设计

1. 可持续交通

道路网络设计应当考虑可持续交通原则，鼓励步行、骑行、公共交通等低碳出行方式。合理设置人行道、非机动车道、公共交通设施，减少对环境的影响。

2. 绿色交通

采用绿色交通技术，如电动汽车、新能源交通工具，有助于减少尾气排放，改善城市空气质量。道路网络设计应鼓励和支持绿色交通的发展。

（十二）社会公众参与

1. 公众调查和意见收集

在道路网络设计过程中，应当积极开展公众调查，征集市民的意见和建议。这有助于更好地了解社会需求，提高设计方案的社会接受度。

2. 交流沟通

道路网络设计需要与相关利益方进行有效的交流沟通，包括政府、企业、社区等。通过建立多方合作机制，确保设计方案的科学性和可行性。

道路网络设计的基本要素是构建一个安全、高效、环保、可持续的城市交通系统的基础。通过合理设置道路结构、交叉口设计、交通管理系统、公共交通设施等多个方面的要素，可以为城市居民提供更为便捷、舒适的出行体验。在未来的城市发展中，道路网络设计将继续面临新的挑战和机遇，需要不断引入创新技术和管理手段，以满足城市交通系统不断增长的需要。

二、道路网络设计方法

道路网络设计是城市交通规划的重要组成部分，直接影响城市居民的出行质量、交通流畅性以及城市的可持续发展。合理科学的道路网络设计方法是确保城市交通系统有效运行的基础。本章节将深入探讨道路网络设计的方法，包括数据收集、交通流分析、模拟优化、公众参与等多个方面，以提供一套全面而实用的设计方法。

（一）数据收集与分析

1. 交通流量调查

交通流量是道路网络设计的重要基础数据，通过交通流量调查可以获取不同道路段的车辆通行量、速度、密度等信息。传统的调查方法包括人工观测、交叉口车辆计数等，而现代技术如智能交通监测系统能够提供更为准确和全面的数据。

2. 人口、用地数据

了解城市的人口分布、用地规划情况对道路网络设计至关重要。人口分布影响交通需求，而用地规划直接关系到道路等级的划分和道路宽度的确定。通过收集人口普查数据、用地规划图等信息，可以更好地进行道路网络设计。

3. 地形和地质数据

地形和地质条件对道路的设计和施工都有着直接的影响。收集地形和地质数据，包括高程图、地质勘察报告等，有助于确定道路的纵横坡度，避免建设过程中出现的地质风险。

（二）交通流分析

1.微观交通流分析

微观交通流分析关注个体车辆在交叉口或道路段的运动行为。通过采用车辆追踪技术、视频监测等方式，可以研究车辆之间的互动，分析交叉口的通行能力和行车速度等参数。

2.宏观交通流分析

宏观交通流分析主要研究整个道路网络系统的运行情况，包括各个路段的流量、速度、拥堵状况等。通过模型模拟或实地调查，可以获取道路网络整体的交通流数据，为规划提供宏观参考。

（三）道路网络模拟与优化

1.交通流模拟

借助交通流模拟软件，可以对道路网络进行模拟，评估不同交叉口和道路的运行效果。通过模拟，可以预测未来交通流量、拥堵状况，为优化设计提供依据。

2.优化算法应用

利用优化算法对道路网络进行调整和优化是提高交通效率的一种方法。包括交叉口信号灯的优化、车道分配的优化等，通过调整交叉口控制、车道配置，提高整个道路网络的通行效率。

（四）公众参与与社会调查

1.公众听证和座谈

在道路网络设计的初期，进行公众听证和座谈是非常重要的步骤。通过向市民解释设计方案、听取意见和建议，可以更好地了解社会需求和关切点，有助于提高设计方案的社会接受度。

2.问卷调查和意见收集

通过开展问卷调查、征集市民意见，可以量化社会对道路网络设计的态度。收集市民对不同方案的看法，有助于更好地调整设计方案，使之符合公众期望。

（五）可持续性考虑

1.绿色道路设计

绿色道路设计强调通过绿化带、绿化设施，提高城市道路的环境友好性。选择适宜的植被、采用透水铺装等途径，有助于改善空气质量、缓解城市热岛效应。

2.可持续交通模式

推动可持续交通模式是现代道路网络设计的重要目标。通过设计人行道、非机动车道、支持公共交通设施，鼓励步行、骑行、乘坐公共交通等低碳出行方式，以降低交通对环境的影响。

（六）智能交通管理系统

1. 实时监控与反馈

借助智能交通管理系统，可以实时监控道路网络的交通状况。通过交通摄像头、传感器等设备，及时获取交通流信息，并且提供实时交通状态反馈，有助于更快地了解交通拥堵和事故发生情况。

2. 数据分析与预测

利用大数据分析技术，对交通流、拥堵情况等数据进行深入分析。通过数据预测，可以提前预知拥堵状况，为交通管理提供更为准确的信息。

第三节　道路等级与分类

一、城市道路等级划分

城市道路等级的划分是城市交通规划的关键环节，直接影响着城市交通系统的组织和运行。合理的道路等级划分不仅能够满足城市不同区域的交通需求，还能够提高交通网络的通行效率，改善交通流畅性。本文将深入探讨城市道路等级划分的方法、原则以及划分后的特点和应用。

（一）城市道路等级划分的方法

1. 交通流量分析法

交通流量分析法是一种基于车辆通行流量的划分方法。通过调查和分析不同路段的交通流量，可以将道路划分为主干道、次干道和支路。一般而言，主干道的交通流量较大，连接城市不同区域，而支路的交通流量较小，主要服务于具体的居住区和商业区。

2. 道路功能分析法

道路功能分析法侧重于道路在城市交通体系中的功能定位。根据道路所服务的功能，可以将道路划分为快速路、主干道、次干道、支路等。例如，快速路主要服务于长途通行，主干道连接城市不同区域，而支路主要服务于居民小区和商业区。

3. 地区发展规划法

地区发展规划法将道路的等级划分与城市的发展规划相结合。通过分析城市的规划布局、未来发展方向，将道路划分为适应城市发展的主干道、次干道和支路。这种方法更注重将道路等级与城市整体规划相一致，以支持城市未来的可持续发展。

（二）城市道路等级划分的原则

1. 连贯性原则

连贯性原则要求不同等级的道路在空间上形成连贯的交通网络。通过合理的道路等级划分，使得主干道、次干道和支路之间形成有机的连接，确保整个城市交通系统的连贯性，便于居民出行和城市交通流动。

2. 服务性原则

服务性原则强调不同等级的道路应当有不同的服务功能。主干道服务于城市主要通行流量，次干道连接居住区和商业区，支路服务于小区和街区内的交通需求。通过服务性原则的应用，可以更好地满足不同区域的交通需求。

3. 负载能力原则

负载能力原则考虑到不同等级的道路应当具备不同的负载能力。主干道和快速路要具备较大的负载能力，以便容纳更多的交通流量；而支路则可以只具较小的负载能力，主要服务于局部区域，流量相对较小。

4. 地理环境原则

地理环境原则考虑城市的地理特征，包括地形、河流、自然景观等。在道路等级划分中，需要考虑这些地理环境因素，以避免产生对环境的不良影响，并能够更好地融入城市的自然特色。

5. 综合考虑原则

综合考虑原则是指在进行道路等级划分时，要全面考虑各种因素，包括交通流量、功能需求、规划布局、负载能力等。通过综合考虑，可以使道路等级划分更加科学和合理，符合城市整体的发展需要。

（三）城市道路等级的特点和应用

1. 主干道

主干道是城市交通网络中的动脉，连接城市的不同区域，承担着大量的交通流量。主干道通常具有较宽的道路宽度、多车道设计，以适应大流量的通行需求。它在城市交通体系中的作用就类似于城市的血液循环系统，以确保城市的经济、文化和社会活动的正常运转。

2. 次干道

次干道连接主干道和支路，起到了中继的作用。次干道的道路宽度适中，具有一定的负载能力，服务于城市内部的交通流动。它通常贯穿整个城市，连接不同的居住区、商业区和办公区，是城市交通系统的重要组成部分。

3. 快速路

快速路是为了快速通行而设置的道路，通常用于城市与城市之间的连接，以及城市内部的快速通行。快速路的设计注重车速的提高和通行效率，通常具有分隔带、匝道等设计，以确保交通的畅通。

4. 支路

支路主要服务于小区、街区内，是连接城市内部各个小区、商业区、工业区等局部区域的道路。支路的设计注重满足局部居民和商业区的出行需求，因此通常较为狭窄，车速较慢，但具有良好的可达性和便捷性。

5. 步行街和人行道

在城市中，为了提倡步行、改善市区环境，设计步行街和人行道是必要的。步行街通常是将一定范围内的道路完全封闭起来，成为供行人活动的区域，充满商业氛围。人行道则是城市道路中专门为行人设置的区域，通常位于道路两侧，为人们提供安全、便捷的步行环境。

二、公路等级划分

公路系统作为国家基础交通网络的重要组成部分，对于国家经济、社会发展和人民生活起着至关重要的作用。为了更好地规划、建设和管理公路系统，需要进行科学合理的公路等级划分。公路等级的划分不仅影响着公路的设计、建设和维护，同时也直接关系到国家和地区交通体系的运行效率。本文将深入探讨公路等级划分的方法、原则、特点以及其在国家交通体系中的应用。

（一）公路等级划分的方法

1. 交通流量分析法

交通流量分析法是公路等级划分的一种常用方法。通过对不同道路段的交通流量进行调查和分析，可以判断道路的通行能力，从而划分出主干道、次干道和支路。交通流量大的路段通常被划分为主要干道，而交通流量相对较小的路段则可能被划分为次要干道或支路。

2. 道路功能分析法

道路功能分析法侧重于道路在交通网络中的功能定位。不同等级的道路在城市和乡村的发展规划中承担着不同的功能。主要干道连接城市和乡村，具有较大的交通流量；次要干道连接城市内部各个区域，服务于较小的交通流动；支路主要服务于小区、村庄等局部区域，通常交通流量较小。通过功能分析，可以更好地满足不同区域的交通需求。

3. 地区发展规划法

地区发展规划法将公路等级的划分与城市、地区的发展规划相结合。通过分析城市和地区的规划布局、未来发展方向，可以将公路划分为适应城市发展的主要干道、次要干道和支路。这种方法更注重将公路等级与城市整体规划相一致，以支持城市未来的可持续发展。

（二）公路等级的特点和应用

1. 高速公路

高速公路是公路系统中的重要组成部分，具有较高的通行速度、大通行能力和较短的通行时间。高速公路通常连接城市之间，服务于长途交通流量。其特点包括分隔带、匝道、服务区等设计，以保障高速通行的安全和顺畅。

2. 快速路

快速路是连接城市内部不同区域的道路，具有较高的通行速度和流量。快速路不同于高速公路的设计，通常不设分隔带，但同样注重通行效率和车速。快速路的应用范围广泛，服务于城市内部的快速交通需求。

3. 主要干道

主要干道是连接城市、区域和乡村的重要通道，具有较大的交通流量和较高的通行速度。主要干道的设计注重负载能力，通常具备多车道设计，以适应较大的交通流量和快速通行的需求。这些干道扮演着连接城市主要区域的纽带角色，对于城市交通的畅通起着至关重要的作用。

4. 次要干道

次要干道连接城市内部不同区域，承担着中继和分流的作用。虽然交通流量相对较小，但次要干道的通行速度仍较快，服务于城市内部的中短途交通需求。其设计考虑到城市整体规划，使得交通更为便捷、高效。

5. 支路

支路主要服务于小区、乡村等局部区域，其交通流量相对较小，通常是单车道或双车道的道路。支路的设计注重满足局部交通需求，提供安全、便捷的交通环境。支路的建设有助于解决小区内部的出行问题，提升居民生活品质。

第四节　道路纵断面与横断面设计

一、道路纵断面设计要点

道路纵断面设计是道路工程设计中的重要环节，它直接影响到道路的排水、交叉口设计、横断面布置等方面，从而保障道路的安全、舒适和可持续性。在进行道路纵断面设计时，需要综合考虑地理、水文、交通等多方面因素，以确保道路的功能和性能。本文将深入探讨道路纵断面设计的要点，包括横坡、纵坡、排水、交叉口设计等方面。

（一）横坡设计要点

1. 侧坡坡度

安全性：侧坡坡度的选择直接关系到道路边坡的稳定性。一般来说，坡度较小容易导致边坡滑动情况，而坡度过大则可能增加坡面的侵蚀和崩塌风险。常见的侧坡坡度包括 1：1.5、1：2、1：2.5 等。

土壤类型：不同土壤类型对侧坡坡度的要求也有所不同。在松散土质地区，可能需要更小的坡度以提高稳定性；而在坚硬土质地区，可以考虑较大的坡度。

2. 路肩坡度

排水功能：路肩坡度的设计要有助于排水，防止雨水在路肩上大量滞留，避免水潭对路面的侵蚀和损害。

车辆稳定性：适度的路肩坡度能够提高车辆在道路上的稳定性，减少驶离道路的风险。过于平坦的路肩可能会导致车辆过于靠近路沿，而过于陡峭的路肩可能会引起车辆驶离道路的危险。

（二）纵坡设计要点

1. 纵坡变化

舒适性：纵坡设计应当追求较为平缓的变化，以提高车辆和行人的舒适性。急剧的纵坡变化可能会导致车辆颠簸和行人行走不便。

能源效率：较为平缓的纵坡变化能够提高车辆的燃油效率，减少能源浪费。特别是对于长途公路，合理设计的纵坡能够降低车辆能源消耗。

2. 坡度标准

上坡坡度：上坡坡度的选择应当考虑车辆爬坡的能力。一般来说，上坡坡度不宜过大，以保证车辆能够顺利行驶。标准上坡坡度通常在3%到6%之间。

下坡坡度：下坡坡度的设计要避免车辆超速，降低刹车压力。通常下坡坡度在 6% 到 8% 之间为宜。

（三）排水设计要点

1. 纵向排水

路面横坡：适当的路面横坡有助于雨水沿道路两侧排水。设计时需要考虑横坡的大小，使得雨水能够顺利流入路肩排水系统。

排水沟设置：在纵断面中设置排水沟，以便迅速排除道路表面的雨水。排水沟的位置和横断面形状需要综合考虑道路宽度、横坡等因素。

2. 横向排水

交叉口排水：在交叉口附近需要设置适当的排水系统，以防止雨水在交叉口区域积聚，影响交叉口的通行安全。

桥梁排水：桥梁的纵断面设计需要考虑桥下水流的通畅性，以防止水流对桥基的冲刷和侵蚀。

（四）交叉口设计要点

1. 纵断面平顺过渡

提高舒适性：在交叉口处的纵断面设计要求平顺过渡，避免急剧的高差出现。这有助于提高车辆的平稳通过和行人的安全行走。

2. 视距要求

行车视距：交叉口的纵断面设计要保障车辆在进入交叉口时有足够的行车视距，以确保驾驶员能够及时发现交叉口内的车辆和行人，降低交叉口事故的发生概率。

行人视距：对于步行横道等行人设施，纵断面设计应确保行人在接近交叉口时能够清晰地看到来车情况，以提高行人过街的安全性。

3. 坡度过渡

车辆过渡坡度：在交叉口的纵断面设计中，需要适度的坡度过渡，使车辆能够平稳通过。过渡坡度不宜过大，以免影响车辆行驶的舒适性。

行人过渡坡度：对于人行道和过街设施，纵断面的设计也需要考虑行人的过渡坡度，保障行人能够安全、方便地穿越交叉口。

（五）道路标高控制

1. 标高基准

地理标高：在道路纵断面设计中，通常会选择一个地理标高作为基准，以确保道路的高程与周围地形相适应。这有助于减少工程量，降低建设成本。

水平标高：道路的水平标高应能够满足设计的横断面要求，保障车辆和行人的安全通行。

2. 截水沟设置

截水功能：在道路纵断面设计中，需要合理设置截水沟，以防止降雨引起的水流对道路的损害。截水沟的位置和横断面形状需要根据道路的具体情况进行设计。

排水系统：截水沟应与道路的整体排水系统相协调，确保雨水能够迅速、有效地排除，防止水潭的产生。

（六）道路纵断面设计流程

获取基础数据：包括地形数据、地质条件、水文信息等。

确定横断面形状：根据道路的功能和交叉口的位置，确定适当的横断面形状，包括路基宽度、侧坡坡度等。

设计纵坡：根据交叉口位置和道路功能，设计适当的上坡和下坡坡度，保障车辆的稳定通行。

排水设计：根据横断面形状和纵坡设计，设计适当的纵向和横向排水系统，确保雨水能够迅速排走。

交叉口设计：根据交叉口的位置和类型，设计平顺的过渡坡度和满足视距要求的纵断面。

标高控制：确定道路的标高基准，并设置截水沟等设施，以保障道路的平顺和排水功能。

综合调整：在整个设计过程中，对其需要不断进行综合调整，确保各个要素的协调和统一。

道路纵断面设计是道路工程设计的重要组成部分，直接关系到道路的舒适性、安全性和可持续性。在进行纵断面设计时，需要根据道路的功能、地理条件、水文情况等多方面因素进行综合考虑。合理的横坡、纵坡、排水和交叉口设计是确保道路系统正常运行和提高交通安全的关键。通过科学合理的纵断面设计，我们可以提高道路的抗洪能力、减少交叉口事故的发生、降低能源消耗，从而为人们提供更加安全、便捷的出行环境。

二、道路横断面设计要点

道路横断面设计是道路工程中至关重要的一环，它涉及道路的横向布置、横断面形状、横坡、交叉口等多个方面。横断面设计的合理性直接关系到道路的安全、通行能力和舒适性。在进行横断面设计时，需要充分考虑道路的用途、交叉口情况、地形地貌等因素，以满足交通需求并提高道路的可持续性。本文将深入探讨道路横断面设计的要点，包括横断面宽度、车行道、人行道、交叉口等方面。

（一）横断面宽度设计要点

1. 车行道宽度

交通流量：车行道宽度应根据交通流量确定，以确保车辆能够安全通行。一般情况下，车行道宽度较小的道路适用于低交通流量区域，而较大的车行道宽度则适用于高交通流量区域。

车道数目：多车道的道路需要更宽的车行道，以确保车辆在不同车道之间具有足够的横向空间，降低交叉口事故的发生概率。

2. 人行道宽度

行人流量：人行道宽度应根据行人流量确定，以确保行人能够舒适、安全地通行。在繁忙的市区，人行道宽度通常需要较宽，以适应较多的行人流量。

功能需求：人行道的功能需求也会影响宽度的设计，例如需要设置自行车道、植被带等，这些都需要考虑到人行道的实际宽度。

3. 车道与人行道分界带宽度

安全性：车道与人行道之间的分界带宽度需要足够宽，以确保行人和车辆之间有明确的分界线，减少交叉影响，提高交通安全性。

绿化带设置：在分界带中可以设置绿化带，不仅能够美化道路，还有助于改善空气质量和缓解城市热岛效应。

（二）车行道设计要点

1. 横断面形状

超高要求：在设计横断面形状时，需要考虑车辆的超高要求，确保车辆能够在道路的不同位置安全通行，避免碰撞到桥梁、天桥、广告牌等构造物。

横坡：车行道的横坡应考虑到排水和车辆稳定性，确保雨水能够顺利排除，同时在车辆行驶时保持平稳。

2. 道路标线和标线设置

交叉口标线：在交叉口附近，需要设置交叉口标线，明确车辆和行人的行驶、通行方向，降低交叉口事故的风险。

分隔线：需要设置适当的分隔线，将车流分开，避免交叉干扰，从而提高道路通行能力。

（三）人行道设计要点

1. 人行道与车行道分界

交叉口设置：人行道与车行道之间的分界需要特别注意在交叉口处，设置行人过街设施，提高行人过街的安全性。

标线和标识：在人行道与车行道的交界处，应设置清晰的标线和标识，引导行人和驾驶员互相注意彼此存在。

2. 人行道硬质和软质铺装

硬质铺装：在商业区、市中心等繁忙地段，人行道通常采用硬质铺装，如石材、砖块等，以提高耐磨性和美观度。

软质铺装：在住宅区、公园等较为宁静的地段，可以采用软质铺装，如人工草坪、木质铺装等，为人们提供更为舒适的行走环境。

（四）交叉口设计要点

1. 车辆转弯半径

转弯半径合理：交叉口的设计要确保不同车辆类型能够安全转弯，因此需要合理设计车辆转弯半径，避免交叉口拐角过小导致车辆转弯不便。

非机动车转弯：对于非机动车道，同样需要考虑非机动车的转弯半径，确保非机动车能够在交叉口实现安全转向。

2. 行人过街设施

斑马线设置：交叉口应设置明确的斑马线，以引导行人过街，提高行人的通行安全性。

行人过街标识：在交叉口设置行人过街标识，引导行人注意交叉车流，帮助行人安全过街。

3. 路口纵断面设计

坡度设计：交叉口的纵断面需要设计合适的坡度，确保雨水迅速排走，防止积水影响通行。

平滑过渡：纵断面的设计要保证平滑的过渡，避免急剧的高差，提高车辆和行人的通行舒适性。

（五）道路排水系统

1. 路面横坡

排水功能：路面横坡的设计要有助于雨水沿道路两侧排水，防止雨水在路面滞留，避免水潭对路面的侵蚀和损害。

坡度调整：在纵断面设计中，需要根据交叉口位置和道路功能，调整路面横坡，确保排水畅通。

2. 排水沟和检查井

设置位置：排水沟的设置需要根据道路的横断面形状和纵坡设计，确保雨水能够迅速流入排水沟。

排水沟尺寸：排水沟的尺寸需要根据交叉口附近的雨水流量确定，确保排水沟能够有效排除雨水。

3. 防洪设计

洪水高程：在交叉口附近，需要考虑可能发生的洪水情况，设置合适的洪水高程，避免交叉口被洪水淹没。

洪水预警：在交叉口周边设置洪水预警系统，提前通知交叉口用户，确保群众能够安全疏散。

（六）道路照明设计

1. 灯具设置

交叉口照明：交叉口需要设置足够的照明设施，确保夜间交叉口通行的安全性。

行人过街处：行人过街处需要设置照明设施，提高行人的能见度，减少夜间交叉口事故的发生。

2. 光照强度

交叉口中心：交叉口中心区域的照明强度应当较大，以确保驾驶员能够清晰地看到交叉口情况。

行人过街处：行人过街处也需要较大的照明强度，以提高行人的能见度。

（七）道路景观设计

1. 绿化带设置

美观性：在道路横断面设计中，适当设置绿化带，既可以美化道路，又有助于改善城市环境。

生态功能：绿化带的设置可以提供生态功能，吸收雨水、净化空气，促进城市生态平衡。

2. 道路标识和交叉口标志

清晰明了：道路标识和交叉口标志需要设置在合适的位置，以引导驾驶员和行人，确保他们能够清晰明了地了解道路情况。

可见性：标识的设计要考虑可见性，尤其在夜间，需要有足够的照明设施确保标识清晰可见。

道路横断面设计是道路工程设计的关键环节，涉及车行道、人行道、交叉口、排水系统、照明系统等多个方面。合理的横断面设计可以提高道路的通行能力、改善交叉口安全性、美化城市环境。在进行横断面设计时，需要充分考虑交叉口特点、道路功能和地形地貌等多方面因素，以满足用户的出行需求，并确保道路的可持续发展。通过科学合理的横断面设计，我们能够创造更加安全、舒适、美观的道路环境，为城市交通系统的健康发展提供有力支持。

第五节 道路交叉口设计

一、道路交叉口类型与特点

道路交叉口作为道路系统中的重要组成部分，承担着交叉流的汇聚与分流功能，直接关系到交通系统的安全性、流畅性和效率。不同类型的交叉口在设计和运行中具有各自的特点，需根据具体的交叉流量、环境条件和道路功能选择合适的类型。本文将深入探讨常见的道路交叉口类型及其特点，包括无控制交叉口、交叉口信号控制、环形交叉口、T 型交叉口、十字交叉口等。

（一）无控制交叉口

1. 特点

自由通行：无控制交叉口是指交叉口没有交叉口信号灯、标线或者其他交叉口控制设施，车辆和行人可以自由通行。

低成本：由于无须安装信号灯和其他控制设施，无控制交叉口的建设和维护成本相对较低。

适用范围：适用于交叉流量较小、交叉口周边无重要设施和区域的场景。

2. 适用场景

低交叉流量：适用于交叉流量相对较小，不需要强制控制的场景。

次要道路：一般用于次要道路相对主要道路的交叉口，以保证主要道路畅通。

低速道路：在低速道路上，如小区内道路、乡村道路等地方，无控制交叉口较为常见。

（二）交叉口信号控制

1. 特点

交叉口信号灯：交叉口信号控制通过设置红绿灯、行人过街灯等信号灯，有序地引导车辆和行人通行。

流量优化：通过合理的信号时序设置，可以优化交叉口流量，提高交叉口的通行效率。

提高安全性：信号控制能够有效降低交叉口事故的发生概率，提高交叉口的安全性。

2. 适用场景

高交叉流量：适用于交叉流量较大、需要精确控制的场景，如城市主干道交叉口。

复杂交叉口：在具有多个进口道、行人过街需求或存在复杂交通流时，信号控制更能够有序引导交叉流通。

高速道路交叉口：在高速公路和快速路等场景，通过信号控制可以有效减缓高速流量，确保车辆安全通行。

（三）环形交叉口

1.特点

环形道路布局：环形交叉口通过设置环形道路，使车辆在环道上绕行，实现交叉流的顺畅通行。

减速进口：车辆需要在进口道减速，选择合适的入口时间，减少交叉流量的冲突。

连续通行：在环形道路上，车辆通常可以连续通行，减少了在交叉口的停车时间。

2.适用场景

中等交叉流量：适用于中等交叉流量的场景，可以有效减缓交叉口的流量，提高通行效率。

相对平坦地形：在相对平坦的地形上，环形交叉口更容易设计和施工。

交叉口安全性要求较高：环形交叉口由于车辆连续通行，事故率相对较低，适用于对安全性要求较高的场景。

（四)T型交叉口

1.特点

一主二次：T型交叉口由一条主干道和两条次要道组成，车辆从次要道汇入主干道或从主干道驶向次要道。

侧方冲突：T型交叉口容易发生侧方冲突，需要通过交叉口控制或其他设计手段降低冲突概率。

转向区：可设置专用的转向区，去引导车辆进行安全、有序的转向操作。

2.适用场景

次要道交叉：适用于一主干道与两条次要道交叉的场景，如城市次干道与社区道路的交叉口。

低交叉流量：在交叉流量较小的情况下，T型交叉口能够提供相对简单的交叉解决方案。

需适当控制：对于交叉流量较大或需安排行人通行的T型交叉口，可能需要额外的控制措施，如信号灯或行人过街设施。

（五）十字交叉口

1. 特点

两主两次：十字交叉口由两条主干道和两条次要道相交，形成十字形的布局。

冲突点多：十字交叉口存在多个交叉点，包括直行、左转、右转等，因此冲突点相对较多，需要合理设计交叉流的冲突解决方案。

信号控制：对于高交叉流量的十字交叉口，通常需要信号控制，以保证交叉流通的有序性和安全性。

2. 适用场景

市区主干道交叉：十字交叉口常见于市区主干道的交叉口，因其相对复杂的交叉流要求，适用于高交叉流量的场景。

交叉流多样：适用于具有多样化交叉流的场景，包括直行、左转、右转等。

需强制控制：由于冲突点较多，对于交叉流量较大的情况，通常需要通过信号控制或其他交叉口控制手段进行管理。

（六）Y 型交叉口

1. 特点

主干道分叉：Y 型交叉口通常由一条主干道和一条次要道分叉形成，交叉流主要涉及主干道上的车辆。

左转动态：主干道的车辆通常需要进行左转动作，可能会引发左转冲突。

流线型布局：Y 型交叉口通常呈现出流线型的布局，使车辆能够相对顺畅地从次要道进入主干道。

2. 适用场景

次要道分叉：适用于主干道与次要道交叉，次要道需要与主干道分叉。

左转流：主干道车流通常涉及左转，适用于主干道上有左转需求的场景。

流线型道路布局：在此要道分叉出主干道的地方，设计成流线型，有助于车辆顺畅通行。

（七）斜交交叉口

1. 特点

斜角交叉：斜交交叉口中，交叉道路通常以斜角交汇，车辆和行人需要进行斜角交叉。

冲突点较多：由于斜交角度的存在，交叉口中可能存在多个冲突点，需要合理设计交叉流的冲突解决方案。

可能需要信号控制：对于交叉流量较大的斜交交叉口，可能需要信号控制以确保交叉流通的有序性。

2.适用场景

交叉角度：适用于两条道路以斜角交汇的场景，如城市中的特殊路口设计。

车流行人流集中：斜交交叉口常见于交叉流量集中、行人流量较大的地段。

需要特殊规划：由于斜交交叉口存在特殊的交叉角度，设计时需要进行特殊规划，以确保交叉流通的安全性。

不同类型的道路交叉口具有各自的特点和适用场景。在实际交叉口设计中，需要综合考虑交叉流量、行人需求、地形地貌、安全性要求等多个因素，选择最合适的交叉口类型。同时，随着交通管理和城市规划的不断发展，新型的交叉口设计和控制手段也在不断涌现，以满足日益复杂的城市交通需求。通过科学合理的交叉口设计，可以提高交通系统的效率、安全性，为城市交通的可持续发展提供强有力支持。

二、道路交叉口交通组织设计

道路交叉口是道路系统中的关键节点，直接影响交叉流的汇聚与分流、车辆和行人的通行安全与效率。交叉口交通组织设计是为了使交叉口具有良好的交叉流动性、高安全性和高效率。本文将深入探讨道路交叉口交通组织设计的重要内容，包括信号控制、交叉口几何设计、行人通行组织、非机动车通行组织等方面。

（一）信号控制

1.交叉口信号灯设置

车辆信号灯：交叉口车辆信号灯是提高交叉口通行效率、优化交叉流的有力工具。通过合理设置红、绿、黄灯的时序，实现交叉流的有序通行。

行人信号灯：行人信号灯是保障行人过街安全的关键。交叉口信号控制中，需要设置明确的行人通行时机，引导行人有序、安全地过街。

2.信号控制的模式

定时控制：交叉口信号灯按照固定的时序进行控制，适用于交叉流量变化相对较小、预测容易的情况。

感应控制：通过车辆和行人感应器，实时监测交叉流量，根据实际情况调整信号时序，适用于交叉流量波动较大的场景。

3.协调控制

串联协调：多个相邻交叉口信号进行串联协调，形成绿波带，提高道路通行效率。

交叉协调：对于多车道交叉口，需要对不同车道的信号进行协调，以保证车辆能够在交叉口畅通通行。

（二）交叉口几何设计

1. 车道设计

车道宽度：根据交叉流量和道路等级确定车道宽度，确保车辆能够安全通行。

转向道设计：在交叉口设置专用的转向道，引导车辆进行转向操作，减少交叉口冲突。

2. 路口形状

曲线半径：合理设置交叉口曲线半径，确保车辆能够平稳转弯，降低事故风险。

斜交角度：对于斜交交叉口，设置合适的交叉角度，有助于实现车辆斜角通行。

3. 路口纵断面

坡度设计：设置合适的纵坡，确保雨水能够迅速排走，防止积水影响通行。

平滑过渡：纵断面的设计要保证平滑的过渡，避免急剧的高差，提高车辆和行人的通行舒适性。

（三）行人通行组织

1. 人行道设置

行人过街斑马线：在交叉口附近设置明确的行人过街斑马线，提高行人的通行安全性。

人行天桥/地道：对于交叉流量较大或者行人流量集中的交叉口，可以考虑设置人行天桥或地道，确保行人和车辆分开通行。

2. 行人信号控制

行人绿灯时机：设置合适的行人绿灯时机，确保行人有足够时间安全过街。

交叉口倒计时：在交叉口信号灯上设置倒计时显示，提醒行人剩余的安全过街时间。

（四）非机动车通行组织

1. 自行车道设置

自行车道宽度：根据自行车流量设置合适的自行车道宽度，确保自行车能够安全通行。

与车道分隔：在需要的情况下，设置自行车道与机动车道的物理隔离，提高自行车通行安全性。

2. 非机动车信号控制

自行车信号灯：在交叉口设置专用的自行车信号灯，引导自行车有序通行。

交叉口停车区：对于非机动车，在交叉口设置专用的停车区域，避免与机动车发生交叉冲突。

（五）智能交通技术的应用

交叉口智能监控

视频监控：在交叉口安装摄像头，通过视频监控系统实时监测交叉流状况，为交叉口信号控制提供相关数据支持。

智能检测：利用智能检测技术，实时获取交叉口车辆和行人流量信息，为交叉口控制策略提供实时调整依据。

（六）安全设施设置

1. 路口交通标志

交叉口标志：在交叉口的适当位置设置交叉口标志，引导驾驶员注意交叉流，并提醒行人注意过街安全。

转向标志：设置明确的转向标志，指引驾驶员正确转向，降低转向冲突的发生概率。

2. 照明设施

夜间照明：在交叉口设置合适的照明设施，确保夜间通行的安全性和可见性。

交叉口中心照明：加强交叉口中心区域的照明，提高驾驶员对交叉口情况的感知。

3. 路口警示标线

交叉口停车线：设置交叉口停车线，引导车辆在交叉口处停车，防止交叉口区域拥堵。

斑马线标线：在行人过街处设置斑马线标线，提示车辆让行，保障行人过街的安全。

（七）紧急疏散通道设计

紧急车道：在交叉口附近设置紧急车道，用于紧急情况下车辆的快速疏散。

疏散指示标志：在交叉口周围设置疏散指示标志，引导驾驶员和行人能够快速有序地疏散。

（八）交叉口维护管理

定期巡查：对交叉口设施进行定期巡查，检查信号设备、标志标线、照明设施等是否正常运行。

设施维护：若发现设施损坏或老化，应及时进行修复和更换，确保交叉口设施的良好状态。

（九）环保与绿化设计

雨水处理：在交叉口设置雨水处理设施，对雨水进行收集和处理，减少雨水对交叉口的影响。

绿化带：在交叉口周围设置绿化带，既美化了环境，又有助于净化空气和改善生态环境。

（十）社区参与与宣传教育

社区参与：鼓励居民和驾驶员参与交叉口的管理和维护，提供投诉渠道和建议收集机制。

宣传教育：定期组织交叉口交通安全宣传教育活动，提高驾驶员和行人的安全意识。

综上所述，道路交叉口交通组织设计是保障交叉口安全、高效运行的关键环节。通过合理设置信号控制、优化几何设计、规范行人和非机动车通行、加强安全设施和紧急疏散通道设计，可以有效提升交叉口的整体运行水平。在交叉口管理中，不仅需要科学技术手段的支持，更需要社区居民和驾驶员的积极参与与配合。通过全社会共同努力，我们可以建设更加安全、高效、人性化的道路交叉口，为城市交通系统的可持续发展提供有力保障。

第六节　道路环路与立交设计

一、道路环路与立交的功能与类型

道路环路和立交桥是现代城市交通系统中常见的两种交通设施，它们在城市交通流动中扮演着重要的角色。本文将探讨道路环路和立交桥的功能、类型以及它们在城市交通规划中的作用。

（一）道路环路的功能与类型

1. 功能

道路环路，又称环形交叉路口、环岛或环道，是一种交通设计，用于控制交通流量并使车辆在交叉点周围顺畅地流动。其主要功能包括以下内容。

缓解交通压力：道路环路可以有效分流交通流量，减少交叉口拥堵，提高交通效率。

提升安全性：相比于传统的十字路口，道路环路减少了车辆交叉点，降低了交通事故的发生率。

提高通行效率：通过引导车辆顺畅地绕行环路，减少了停车等待时间，提高了道路通行效率。

2. 类型

根据环路的形状、大小和构造方式，道路环路可以分为不同类型，常见的包括以下几种。

圆形环路：最常见的环路类型，通常由一个圆形的中心岛和连接至主干道的弧形通道组成。

椭圆形环路：形状呈椭圆形，适用于交通流量较大的地区。

螺旋形环路：螺旋状的设计使车辆在绕行环路时逐渐升高或降低，适用于地形较为复杂的区域。

特殊形状环路：如双环、多环等，根据具体道路需求和环境特点进行设计。

（二）立交桥的功能与类型

1. 功能

立交桥，又称立体交叉桥，是一种通过在不同高度上交叉的道路结构，使交通流在不同方向上互不干扰的交通工程设计。其主要功能包括以下内容。

分级交叉：立交桥可以将交通流按不同等级分层交叉，有效避免交通拥堵和事故。

提高通行效率：立交桥消除了地面交叉的交通信号和行人穿越，提高了道路通行效率。

节约空间：通过垂直叠加的设计，立交桥节省了地面空间，使城市道路更加紧凑。

2. 类型

立交桥的类型多样，常见的包括以下几种。

上跨式立交桥：一条道路在另一条道路上方跨越，形成十字形或 T 字形的结构。

下跨式立交桥：一条道路在另一条道路下方穿越，适用于地形较为平坦的地区。

斜拉桥：利用斜拉索将桥面悬挂在桥塔之间，常见于跨越较长距离的水域或山谷。

环型立交桥：结合了环路和立交桥的特点，既有分级交叉的功能，又具有圆形环路的特点。

（三）道路环路与立交桥在城市交通规划中的作用

1. 改善交通流动

道路环路和立交桥可以有效改善城市交通流动，减少拥堵，提高道路通行效率。

2. 优化交通网络

通过合理布局和设计道路环路与立交桥，可以优化城市交通网络，缩短通行距离，减少交通拥堵。

3. 提升城市形象

精美设计的道路环路和立交桥不仅可以改善交通状况，还能提升城市形象，成为城市的地标性建筑。

4. 提高交通安全

道路环路和立交桥减少了交通交叉点，降低了交通事故的发生率，提高了交通安全性。

道路环路和立交桥作为城市交通规划中重要的组成部分，发挥着不可替代的作用。通过合理设计和建设，它们可以有效改善城市交通状况，提高交通效率，促进城市可持续发展。因此，在未来的城市规划和建设中，应充分考虑到道路环路和立交桥的布局和设计，为城市交通提供更加便捷、安全和高效的解决方案。

二、道路环路与立交的设计要点

道路环路和立交是城市道路交通设计中的重要组成部分，它们的合理设计直接影响着城市交通系统的效率、安全性和舒适性。本文将深入探讨道路环路与立交的设计要点，包括设计原则、结构特点、交通规划考量以及可持续性等方面。

（一）道路环路的设计要点

1. 圆滑流畅的设计

圆形环路的设计应保证环路的内外径比合理，车辆转弯半径适中，以确保车辆能够顺畅进出环路。

环路通道的坡度和曲率应设计得平缓一些，避免因急转弯或陡坡造成的车辆行驶不顺畅。

2. 安全性考量

环路设计应充分考虑交通安全因素，设置足够的导向标志、交通信号和交通标线，以引导车辆行驶、减缓车速。

道路环路应设立足够的照明和警示设施，确保夜间行车的安全性。

3. 通行效率优化

通过设计合理的车道数量和道路宽度，确保环路车辆的顺畅通行。

考虑到不同车辆类型的需求，应设置专用车道，如公交车专用道、自行车专用道等，以提高交通效率。

4. 环境与景观设计

环路周边的景观设计应与城市环境相协调，包括绿化带、公共艺术品、景观灯光等，以增强城市形象。

在环路中心岛和环路周边设置花坛、喷泉等景观设施，提升环路的美观性和舒适性。

（二）立交的设计要点

1. 结构稳固可靠

立交桥的结构设计应具备足够的稳定性和承载能力，确保桥梁在各种荷载下都能安全稳固。

合理选择桥梁材料和结构形式，根据地质条件和交通需求确定桥梁的类型，如钢结构、混凝土结构等。

2. 交通流畅通行

立交桥的设计应考虑到不同车辆流量和行驶速度的需求，合理设置车道数量和宽度，确保交通流畅通行。

通过优化立交桥的坡度和坡度过渡段，减少车辆爬坡时的能耗，提高交通效率。

3. 安全性与舒适性

设计时应充分考虑立交桥的人行通道和非机动车道，确保行人和自行车的安全通行。

合理设置护栏和防护设施，减少因车辆失控而引发的交通事故，提高行车安全性。

4. 环境保护与城市美化

立交桥的设计应考虑到对周边环境的影响，尽量减少噪音和空气污染。

通过绿化、景观设计和艺术装饰等手段，美化立交桥周边环境，提升城市景观品质。

5. 可持续性考量

在立交桥的设计中应充分考虑可持续发展的原则，如节能减排、资源利用等，推动绿色建筑和绿色交通发展。

结合新能源车辆、智能交通管理等技术手段，提高立交桥的能源利用效率和交通管理水平。

道路环路与立交作为城市道路交通系统的重要组成部分，其设计关乎着城市交通的畅通与安全、城市环境的美化与改善，以及城市可持续发展的实现。因此，在设计过程中，必须要综合考虑交通规划、结构设计、环境美化和可持续性等多方面因素，以确保道路环路与立交的设计达到最佳效果，为城市交通系统的发展做出积极贡献。

三、道路环路与立交对城市交通的影响

道路环路和立交作为城市交通系统中的重要组成部分，对城市交通的影响十分显著。它们的合理设计和建设能够有效改善交通流动、提高通行效率、增强交通安全性，并对城市环境和可持续发展产生积极影响。本文将深入探讨道路环路与立交对城市交通的影响，涵盖交通流动性、交通效率、交通安全、城市环境和可持续性等方面。

（一）交通流动性的提升

缓解交通拥堵：道路环路和立交的建设有效分流了交通流量，减少了交叉口的交通纠缠，从而减轻了交通拥堵的程度。

平滑通行道路：通过优化道路环路和立交的设计，减少了急转弯、陡坡等因素，提高了车辆通行的流畅性，减少了交通事故发生的可能性，使车辆能够更为顺畅地行驶。

（二）提高交通效率

缩短通行时间：道路环路和立交的设置避免了交通信号的等待时间，减少了车辆的停顿时间，因此缩短了通行时间，提高了通行效率。

分级交叉：立交桥将不同交通流量的道路分层交叉，避免了交叉口的交通信号控制，减少了车辆等待时间，提高了通行效率。

（三）提升交通安全

降低交通事故率：道路环路和立交的设置减少了交通交叉点，减少交通事故的发生率，提高了交通的安全性。

划定车辆行进轨迹：通过道路环路和立交的设计，合理划定了车辆行进的轨迹，减少了交通事故的可能性，增加了行车安全系数。

（四）改善城市环境

减少交通排放：优化了交通流动，减少了车辆的空转和等待时间，从而减少了交通排放量，改善了城市的空气质量。

美化城市景观：道路环路和立交的设计不仅注重交通功能，还注重美化城市景观，通过绿化、景观设计等手段，提升了城市的整体景观质量。

（五）促进城市可持续发展

节能减排：道路环路和立交的建设能够减少车辆的等待时间和行驶距离，从而减少了车辆的能耗和碳排放，促进了城市的节能减排。

绿色交通倡导：通过鼓励步行、自行车等绿色出行方式，并在设计中考虑非机动车道和人行道等设施，促进了城市绿色交通的发展。

综上所述，道路环路和立交作为城市交通系统中的重要组成部分，对城市交通的影响十分显著。它们的合理设计和建设能够提升交通流动性、提高交通效率、增强交通安全性、改善城市环境、促进城市可持续发展。因此，在城市规划和建设中，应重视道路环路和立交的设置，充分发挥它们在提升城市交通质量和城市发展可持续性方面的作用。

第七章 城市交通安全规划

第一节 交通安全规划的基本理念

一、交通安全规划的安全优先理念

交通安全规划作为城市交通体系的重要组成部分，其核心理念便是"安全优先"。这一理念强调在规划、设计、建设、运营和管理交通系统的各个环节中，始终把安全放在首要位置，确保公众的生命财产安全。本文将从交通安全规划的意义、安全优先理念的具体体现、实践中的挑战与对策以及未来发展趋势等方面，深入探讨交通安全规划的安全优先理念。

（一）交通安全规划的意义

交通安全规划是城市交通发展的重要保障，它对于提升城市形象、改善居民生活质量、促进经济社会发展具有重要意义。首先，交通安全规划有助于减少交通事故的发生，降低人员伤亡和财产损失，保障公众的生命安全。其次，良好的交通安全规划能够提升城市交通的运行效率，减少拥堵现象，为市民提供更加便捷、舒适的出行环境。最后，交通安全规划也是城市可持续发展的重要组成部分，它有助于推动城市交通系统的绿色、低碳发展，实现经济、社会、环境的协调发展。

（二）安全优先理念的具体体现

安全优先理念在交通安全规划中的具体体现，主要包括以下几个方面：

规划设计阶段：在交通规划设计的初期，就应充分考虑到安全因素，对道路线形、交叉口设计、交通设施布局等进行科学规划。通过合理设置交通标志、标线、信号灯等设施，提高道路的辨识度和安全性。

工程建设阶段：在施工过程中，应严格按照设计要求进行施工，确保工程质量。同时，加强施工现场的安全管理，防止因施工导致的交通事故发生。

运营管理阶段：通过智能化的交通管理系统，实时监控道路交通状况，及时发现和处理交通安全隐患。加强交通执法力度，严厉打击交通违法行为，维护道路交通秩序。

宣传教育阶段：广泛开展交通安全宣传教育活动，提高公众的交通安全意识。通过举办讲座、展览、宣传周等形式，普及交通安全知识，增强市民的自我保护能力。

（三）实践中的挑战与对策

尽管安全优先理念在交通安全规划中已经得到了广泛认同，但在实际操作中仍面临诸多挑战。

资金与资源限制：交通安全规划的实施需要投入大量资金和资源。然而，受限于地方财政压力，部分地区可能无法提供足够的资金支持。针对这一问题，政府可通过引入社会资本、开展公私合营等方式来拓宽资金来源渠道。同时，加强资源优化配置，提高资金使用效率。

跨部门协作难度：交通安全规划涉及多个部门和领域，需要各部门之间进行密切协作。然而，在实际操作中，由于部门间职责不清、沟通不畅等原因，可能导致规划实施受阻。因此，应建立健全跨部门协作机制，明确各部门间的职责分工，加强信息共享和沟通协作，形成合力推动交通安全规划的实施。

公众参与度低：公众是交通安全规划的直接受益者，也是规划实施的重要参与者。然而，目前部分地区的交通安全规划过程中公众参与程度较低，导致规划方案与公众需求脱节。为提高公众参与度，应建立公众参与平台，广泛征求公众意见，让公众参与到规划的全过程。同时，加强公众教育和引导，提高公众对交通安全规划的认识和支持。

（四）未来发展趋势

随着科技的不断进步和社会的发展，交通安全规划的安全优先理念将呈现出以下发展趋势：

智能化发展：借助大数据、云计算、人工智能等先进技术，实现交通安全规划的智能化管理。通过实时监测、预警和应急处理系统，提高交通安全管理的效率和准确性。

绿色化发展：在交通安全规划中注重环保理念，推动绿色交通发展。通过优化交通结构、推广使用清洁能源交通工具、建设绿色交通设施等措施，降低交通对环境的影响。

人性化发展：关注公众的需求和感受，提高交通安全规划的人性化水平。通过优化道路设计、改善步行和骑行环境、完善公共交通设施等方式，提升公众出行体验。

总之，交通安全规划的安全优先理念是保障公众生命财产安全的重要基石。通过加强规划设计、施工管理、运营管理和宣传教育等方面的工作，不断克服实践中的挑战，推动交通安全规划向智能化、绿色化、人性化方向发展，我们必将构建一个更加安全、便捷、高效的交通环境。

二、交通安全规划的预防为主理念

交通安全规划作为城市交通管理的重要组成部分，其核心思想在于通过科学规划和有效管理，降低交通事故的发生概率，保障公众的生命财产安全。其中，预防为主的理念在交通安全规划中具有举足轻重的地位。本文将深入进行探讨交通安全规划中的预防为主理念，包括其内涵、实践应用、挑战与对策以及未来发展趋势。

（一）预防为主理念的内涵

预防为主的理念强调在交通安全规划中，应把预防工作放在首位，通过前瞻性的规划和布局，消除或减少交通事故的潜在隐患。这一理念要求我们在交通规划、设计、建设、运营等各个环节中，充分考虑安全因素，采取切实有效的措施，防止交通事故的发生。

具体而言，预防为主的理念包括以下几个方面：

提前识别风险：在交通安全规划过程中，要对可能引发交通事故的各种风险因素进行提前识别和评估，如道路线形、交叉口设计、交通流量等。通过科学分析，确定风险等级，为制定针对性的预防措施提供依据。

优化规划设计：在交通规划设计中，应注重提高道路的安全性和通行效率。通过合理设置交通设施、优化交通组织方式、改善道路通行条件等措施来降低交通事故发生的可能性。

强化管理与执法：加强交通管理和执法力度，严格遵守交通规则，确保交通秩序井然有序。同时，加大对交通违法行为的处罚力度，提高违法成本，降低交通违法行为的发生率。

提高公众安全意识：通过宣传教育、培训等方式，提高公众对交通安全的认识和重视程度。让公众了解交通安全知识，掌握安全驾驶技能，自觉遵守交通规则，共同营造安全、文明的交通环境。

（二）预防为主理念的实践应用

预防为主理念在交通安全规划的实践应用中取得了显著成效。以下是一些具体的应用案例：

在道路规划设计中，应注重提高道路的安全性能。通过优化道路线形、改善交叉口设计、设置安全防护设施等措施，降低道路交通事故的发生率。

在交通管理中，应加强交通信号控制和交通监控系统的建设。通过智能化方式对交通流量进行实时监测和调控，确保道路畅通无阻，减少因拥堵而引发的交通事故。

在宣传教育方面，开展形式多样的交通安全宣传活动。通过举办讲座、展览、宣传周等活动，提高公众的交通安全意识和自我保护能力。

这些实践应用案例表明，预防为主的理念在交通安全规划中发挥着重要作用。通过科学规划和有效管理，我们可以有效降低交通事故的发生概率，保障公众的生命财产安全。

（三）挑战与对策

尽管预防为主的理念在交通安全规划中得到了广泛应用，但在实际操作中仍面临一些挑战。

首先，部分地区对交通安全规划的认识不足，缺乏足够的重视和投入。这会导致预防工作得不到充分开展，交通安全隐患得不到及时消除。针对这一问题，政府应加强对交通安全规划的宣传和推广，提高各级领导和相关部门的重视程度，确保预防工作得到有效实施。

其次，交通安全规划涉及多个部门和领域，需要各部门之间密切协作。然而，在实际操作中，由于部门间职责不清、沟通不畅等原因，可能导致预防工作出现漏洞。因此，应建立健全跨部门协作机制，明确各部门的职责分工，加强部门间信息共享和沟通协作，形成合力共同推进交通安全规划的预防工作。

此外，随着城市化的快速发展和交通需求的不断增长，交通安全规划将面临着越来越大的压力。为了应对这一挑战，我们需要不断创新预防手段和方法，提高预防工作的针对性和实效性。例如，可以利用大数据、人工智能等先进技术对交通流量进行实时监测和预测，为制定更加科学合理的预防措施提供依据。

（四）未来发展趋势

展望未来，交通安全规划的预防为主理念将继续发挥重要作用，并呈现出以下发展趋势：

更加注重系统性和整体性：未来的交通安全规划将更加注重系统性和整体性，从城市整体交通结构出发，统筹考虑各类交通方式和设施的安全性能，形成更加完善的安全防护体系。

强化科技支撑：随着科技的不断发展，未来的交通安全规划将更加注重科技支撑。通过运用大数据、云计算、人工智能等先进技术，提高预防工作的智能化水平，提升交通安全管理的效率和准确性。

推动社会共治：未来的交通安全规划将更加注重社会共治，通过政府、企业、社会组织和公众的共同参与和努力，形成全社会共同关注和支持交通安全预防工作的良好氛围。

综上所述，交通安全规划的预防为主理念是保障公众生命财产安全的重要基石。

通过加强实践应用、应对挑战并把握未来发展趋势，我们将能构建一个更加安全、高效、便捷的城市交通环境。

三、交通安全规划的综合治理理念

交通安全规划作为城市发展的核心议题之一，旨在构建一个安全、高效、和谐的道路交通环境。在这个过程中，综合治理理念成为指导交通安全规划的重要原则。本文将从综合治理理念的内涵、实践应用、面临的挑战以及未来发展趋势等方面，深入探讨交通安全规划的综合治理理念。

（一）综合治理理念的内涵

综合治理理念强调在交通安全规划中，应采用综合性的方法和手段，通过整合政府、社会、企业、公众等多方力量，共同应对交通安全问题。这一理念的核心在于跨部门、跨领域的协同合作，形成合力，实现交通安全管理的全面覆盖和高效运行。

具体而言，综合治理理念包括以下几个方面：

多元主体参与：交通安全规划涉及多个部门和领域，需要政府、企业、社会组织和公众的共同参与。各方应明确各自的责任和角色，形成协同作战的态势。

综合施策：针对交通安全问题，应采取多种手段进行综合施策。这包括法律法规的制定和执行、交通设施的完善、交通管理的加强、安全教育的普及等方面。

系统性管理：交通安全规划应着眼于整个交通系统的安全性和稳定性，从规划、设计、建设、运营等各个环节进行系统性管理。同时还要注重与其他城市基础设施的协调与配合。

（二）实践应用

综合治理理念在交通安全规划的实践应用中取得了显著成效。以下是一些具体的应用案例：

跨部门协作机制：通过建立跨部门协作机制，加强政府各部门之间的沟通与合作，实现交通安全规划的协同推进。例如，在城市交通规划过程中，规划、交通、公安等部门应共同参与，确保规划方案的合理性和可行性。

综合施策措施：在交通安全规划中，采用综合施策的方式解决交通安全问题。例如，通过加强交通执法力度，严厉打击交通违法行为；完善交通设施，提高道路的安全性能；开展安全宣传教育，提高公众的交通安全意识等。

社会力量参与：积极引导和鼓励社会力量参与交通安全规划工作。通过与企业、社会组织等合作，共同开展交通安全宣传、志愿服务等活动，形成全社会共同关注和支持交通安全工作的良好氛围。

这些实践应用案例表明，综合治理理念在交通安全规划中具有重要的指导意义。通过多方协同合作和综合施策，可以有效提高交通安全管理水平，降低交通事故发生率。

（三）面临的挑战与对策

尽管综合治理理念在交通安全规划中得到了广泛应用，但在实际操作中仍面临一些挑战。

首先，部门间协作的顺畅程度直接影响到综合治理的效果。然而，由于部门间职责划分不清、沟通不畅等问题，导致协作机制难以有效运行。因此，应进一步明确各部门的职责和角色，加强沟通与合作，形成工作合力。

其次，社会力量的参与度和积极性也是影响综合治理效果的重要因素。目前，部分社会力量对交通安全规划工作的认识不足，参与度不高。为此，应加大宣传力度，提高公众对交通安全规划工作的认识和支持度。同时，建立激励机制，鼓励更多社会力量参与到交通安全规划工作中来。

此外，随着城市化的快速发展和交通需求的不断增长，交通安全规划面临着越来越大的压力。为了应对这一挑战，我们需要不断创新综合治理的手段和方法，提高治理效果。例如，可以利用大数据、人工智能等先进技术对交通安全问题进行实时监测和预警；加强与国际先进经验的交流与合作，借鉴成功经验推动本地交通安全规划工作的开展。

（四）未来发展趋势

展望未来，交通安全规划的综合治理理念将继续发挥重要作用，并呈现出以下发展趋势：

更加注重协同性和整体性：未来的交通安全规划将更加注重各部门、各领域的协同合作和整体性治理。通过打破部门壁垒和信息孤岛，实现资源共享和优势互补，提高治理效率和质量。

强化科技支撑：随着科技的不断发展，未来的交通安全规划将更加依赖科技手段进行综合治理。通过运用大数据、云计算、人工智能等先进技术，实现对交通安全问题的精准识别和有效应对。

推动社会共治：未来的交通安全规划将更加注重社会力量的参与和共治。通过建立健全公众参与机制和社会监督机制，鼓励更多社会力量参与到交通安全规划工作中来，形成全社会共同维护交通安全的良好氛围。

综上所述，交通安全规划的综合治理理念是保障公众生命财产安全、促进城市交通和谐发展的重要保障。通过加强实践应用、应对挑战并把握未来发展趋势，我们能够构建一个更加安全、高效、便捷的城市交通环境。

第二节 道路安全设施与标志设计

一、道路安全设施的类型与功能

道路安全设施是保障道路交通流畅、减少交通事故、保护行人及车辆安全的重要组成部分。通过提供必要的警示、引导、防护等功能，为道路使用者创造出一个安全、有序的交通环境。本文将详细探讨道路安全设施的类型与功能，以期加深对其重要性的认识。

（一）道路安全设施的主要类型

道路安全设施种类繁多，根据其在道路中的位置和作用，可大致分为以下几类：

交通标志：交通标志是道路安全设施中最为常见的一类，用于向道路使用者提供指示、警告、禁令等信息。根据功能不同，交通标志可分为指示标志、警告标志、禁令标志、指路标志等。它们通过文字、图案或颜色等方式，向驾驶者传达道路信息，引导其正确、安全地行驶。

交通标线：交通标线是通过在道路上绘制各种线条、箭头、文字等，对道路使用者进行引导和约束。标线的作用在于明确车辆的行驶方向、规范车道划分、提示减速或停车等。常见的交通标线包括车道分界线、停车线、导向箭头等。

护栏：护栏主要用于防止车辆冲出道路或碰撞障碍物，保障道路使用者的安全。根据材质和结构不同，护栏可分为波形梁护栏、缆索护栏、混凝土护栏等。它们在道路的边缘或中央隔离带设置，起到隔离和防护的作用。

照明设施：照明设施包括路灯、隧道灯、桥梁灯等，用于提高夜间或恶劣天气条件下的道路能见度，确保行车安全。照明设施的设置应充分考虑道路类型、交通流量、车速等因素，确保照明效果达到最佳。

监控设施：监控设施包括摄像头、交通信号灯控制系统等，用于实时监测道路交通状况，为交通管理提供数据支持。通过监控设施，交通管理部门可以及时发现和处理交通违法行为，提高道路交通管理水平。

（二）道路安全设施的功能

道路安全设施在保障道路交通安全方面发挥着至关重要的作用，具体功能如下：

指示功能:通过交通标志和标线，为道路使用者提供明确的指示信息，引导其正确、安全地行驶。这有助于减少因方向不明或误解道路信息而导致的交通事故。

警示功能：交通标志和护栏等设施能够向道路使用者发出警示，提醒其注意潜在的危险或遵守交通规则。例如，警告标志可以提醒驾驶者注意前方弯道、限速等，从而避免因超速或未减速而导致的事故。

防护功能：护栏、防撞设施等能够防止车辆冲出道路或碰撞障碍物，减少事故发生时对车辆和人员的伤害。这些设施在保护行人、非机动车和机动车的安全方面发挥着重要作用。

监控与管理功能：通过监控设施和交通信号灯控制系统等，交通管理部门可以实时监测道路交通状况，及时发现和处理交通违法行为。这有助于维护道路交通秩序，提高道路通行效率，减少因交通拥堵或违法行为而导致的交通事故。

（三）道路安全设施的重要性

道路安全设施在道路交通中发挥着不可替代的作用，其重要性主要体现在以下几个方面：

提高道路通行效率：通过合理的交通标志、标线和监控设施的设置，可以引导车辆和行人有序行驶，减少交通拥堵和混乱现象，提高道路的通行效率。

保障行车安全：道路安全设施能够有效地预防和减少交通事故的发生。它们通过提供警示、引导、防护等功能，降低车辆和行人因违反交通规则或疏忽大意而导致的安全风险。

维护社会稳定：道路交通安全关系到人民群众的生命财产安全和社会稳定。完善的道路安全设施能够减少因交通事故带来的社会负面影响，增强人民群众的安全感和幸福感。

道路安全设施是道路交通不可或缺的重要组成部分，它们通过提供指示、警示、防护等功能，为道路使用者创造一个安全、有序的交通环境。随着科技的不断发展，未来道路安全设施将更加智能化、高效化，为道路交通的安全和畅通提供更有力的保障。因此，我们应该加强对道路安全设施的建设和维护，确保其发挥最大的作用，为人民群众的安全出行保驾护航。

二、道路标志的设计与设置

道路标志作为道路交通设施的重要组成部分，其设计与设置对于保障交通安全、提高道路通行效率具有重要意义。本文将从道路标志的设计原则、设置位置与方式、影响因素以及未来发展趋势等方面，深入探讨道路标志的设计与设置问题。

（一）道路标志的设计原则

道路标志的设计应遵循以下原则，以确保其清晰、准确、易于理解：

简洁明了：道路标志应采用简洁的图案和文字，避免过于复杂或模糊的设计，以便驾驶者能够进行迅速识别和理解。

易于辨识：标志的颜色、形状和尺寸应符合相关标准，以便在各种天气和光照条件下都能清晰可见。

信息准确：标志所传达的信息应准确无误，避免产生歧义或误导驾驶者。

系统性：道路标志的设计应形成完整的系统，各类标志之间应相互协调、补充，确保信息的连贯性和完整性。

（二）道路标志的设置位置与方式

道路标志的设置位置与方式对于其功能的发挥至关重要，应遵循以下要求：

合适的位置：标志应设置在驾驶者易于观察的位置，如道路入口、交叉口、弯道等关键节点。同时，应避免将标志设置在视线受阻或易被遮挡的地方。

适当的距离：标志的设置距离应根据道路类型、车速等因素进行确定，确保驾驶者可以在足够的时间内观察并理解标志信息。

正确的方向：标志应面向来车方向，确保驾驶者能够正面观察。对于双向通行的道路，应根据需要设置双向标志。

固定的方式：标志应采用牢固的支撑结构和固定方式，确保其稳定可靠，不易被风吹动或损坏。

（三）影响道路标志设计与设置的因素

道路标志的设计与设置受到多种因素的影响，主要包括以下几个方面：

道路类型与等级：不同类型、等级的道路对标志的要求不同。例如，高速公路和城市道路的标志设置密度、尺寸等应有所区别。

交通流量与车速：交通流量大、车速快的道路需要设置更多、更醒目的标志，以便驾驶者及时获取道路信息。

天气与光照条件：恶劣的天气和光照条件会影响标志的可见性。因此，在设计和设置标志时，应充分考虑这些因素，采用适当的颜色、材料和反光技术，提高标志的辨识度。

地域文化与习惯：不同地区的人们对道路标志的理解和接受程度可能存在差异。因此，在设计和设置标志时，应充分考虑当地的文化和习惯，采用易于接受的方式传达信息。

（四）道路标志的未来发展趋势

随着科技的进步和交通管理理念的更新，道路标志的设计与设置将呈现以下发展趋势：

智能化：利用物联网、大数据等技术，实现道路标志的智能化管理。例如，通过实时监测交通流量、车速等数据，动态调整标志的内容和显示方式，提高道路的通行效率。

多样化：随着交通需求的多样化，道路标志的种类和形式也将不断丰富。例如，增设更多人性化的提示标志、服务标志等，为驾驶者提供更加便捷、舒适的出行体验。

环保化：在设计和制作标志时，应注重对环保材料的选择和使用，减少对环境的影响。同时，通过合理的布局和设置方式，降低标志对道路景观的破坏。

国际化：随着国际交流的日益频繁，道路标志的国际化趋势将更加明显。采用国际通用的标志图案、颜色和文字，有助于提高我国道路标志的国际化水平，促进国际交通的便利化。

道路标志的设计与设置是道路交通设施建设的重要组成部分，对于保障交通安全、提高道路通行效率具有重要意义。在实际工作中，我们应遵循相关标准和原则，充分考虑各种影响因素，科学合理地设计和设置道路标志。同时，随着科技的进步和交通管理理念的更新，我们应积极探索道路标志的未来发展趋势，推动其不断进行创新和完善，为人民群众的安全出行提供更加有力的保障。

总之，道路标志的设计与设置是一项复杂而重要的工作，需要我们不断学习和探索，以适应不断变化的交通环境和需求。通过我们的努力，相信未来的道路标志将更加智能化、多样化、环保化和国际化，为道路交通的安全和畅通发挥更大的作用。

第三节　交叉口与路段的安全改善

一、交叉口安全改善措施

交叉口是道路交通系统中至关重要的节点，也是交通事故频发的地段。因此，交叉口安全改善措施对于提升道路交通安全水平具有重要意义。本文将从交叉口安全问题的分析入手，探讨一系列有效的改善措施，以期减少交通事故的发生，提高道路通行效率。

（一）交叉口安全问题分析

交叉口安全问题主要源于以下几个方面：

交通流量大：交叉口往往汇集来自多个方向的交通流，交通流量大，车辆和行人交织在一起，容易造成混乱和冲突。

视线不良：部分交叉口设计不合理，存在视线盲区，驾驶者和行人无法及时观察到来车或行人，增加了事故风险率。

行驶速度过快：部分交叉口未设置限速标志或限速措施不到位，导致车辆行驶速度过快，一旦发生事故，后果往往比较严重。

交通标志标线不清晰：交叉口内的交通标志标线设置不规范或磨损严重，导致驾驶者和行人无法准确理解交通规则，增加了事故发生的可能性。

（二）交叉口安全改善措施

针对上述安全问题，我们可以采取以下措施来改善交叉口的安全性：

1. 优化交叉口设计

（1）合理设置车道和交通岛：根据交通流量和车辆类型，合理划分车道，设置交通岛，减少车辆和行人的交织冲突。

（2）改善视线条件：通过调整交叉口内的建筑物、绿化带等障碍物的位置，减少视线盲区，提高驾驶者和行人的观察能力。

（3）优化交通组织：根据交通流特性，合理设计交通组织方案，如设置左转待转区、右转车道等，提高交叉口的通行效率。

2. 加强交通管理与控制

（1）设置限速标志和测速设备：在交叉口前设置限速标志，提醒驾驶者减速慢行；同时，安装测速设备，对超速行驶的车辆进行处罚，以降低行驶速度。

（2）实施交通信号控制：根据交通流量和交叉口特点，设置合理的交通信号灯配时方案，减少车辆和行人的冲突点，提高交叉口安全性。

（3）加强交通执法力度：加大对交叉口内违法行为的执法力度，如闯红灯、不礼让行人等，提高驾驶者和行人的交通安全意识。

3. 完善交通设施

（1）更新交通标志标线：定期检查和更新交叉口内的交通标志标线，确保其清晰、准确、易于理解。

（2）增设安全设施：在交叉口内增设人行横道、安全护栏等安全设施，保护行人和非机动车的安全。

（3）改善照明条件：加强交叉口夜间照明，提高能见度，减少因视线不良导致的交通事故。

4. 提高公众交通安全意识

（1）加强宣传教育：通过媒体、宣传栏等途径，普及交通安全知识，提高公众对交叉口安全问题的认识。

（2）开展安全培训：针对驾驶者和行人，开展交通安全培训活动，提高他们的交通安全技能和意识。

（3）鼓励公众参与：鼓励公众积极参与交叉口安全改善工作，如提出合理化建议、参与志愿服务等，共同营造安全、有序的交通环境。

（三）交叉口安全改善措施的实施效果评估

实施交叉口安全改善措施后，需要对其实施效果进行评估，以便进一步优化和完善措施。评估方法包括以下几个方面：

事故率分析：对比改善前后的交叉口事故率，分析改善措施对降低事故率的效果。

交通流量与速度调查：通过实地调查，了解改善后交叉口的交通流量和车辆行驶速度变化的情况，评估改善措施对交通通行效率的影响。

公众满意度调查：通过问卷调查等方式，了解公众对交叉口安全改善措施的满意度和建议，为今后的工作提供参考。

交叉口安全改善措施是提高道路交通安全水平的重要手段。通过优化交叉口设计、加强交通管理与控制、完善交通设施以及提高公众交通安全意识等多方面的措施，可以有效减少交叉口交通事故的发生，提高道路通行效率。同时，实施效果评估也是确保改善措施持续有效的重要环节。

未来，随着智能交通技术的发展和应用，交叉口安全改善措施将更加注重科技化和智能化。例如，通过应用物联网、大数据等技术手段，实现对交叉口交通流量的实时监测和智能调控；通过推广自动驾驶等先进技术，减少人为因素对交叉口安全的影响。相信在不久的将来，我们的交叉口将变得更加安全、高效和智能。

二、路段安全改善措施

路段安全作为道路交通安全的重要组成部分，对于保障人民群众的生命财产安全具有重要意义。近年来，随着交通流量的不断增加和车辆类型的多样化，路段安全问题日益凸显。因此，采取有效的路段安全改善措施，提升路段交通安全水平，成为当前亟待解决的问题。

（一）路段安全现状分析

当前，路段安全问题主要表现在以下几个方面：

交通设施不完善：部分路段交通标志、标线不清晰或缺失导致驾驶者无法准确判断路况和行驶规则，从而增加了事故风险。

路况条件不佳：一些路段存在路面破损、坑洼不平、积水等问题，影响了车辆的行驶稳定性和安全性。

交通违法行为频发：超速行驶、违规变道、不按规定让行等交通违法行为在路段上时有发生，严重威胁着道路交通安全。

行人和非机动车安全隐患：部分路段缺乏足够的行人过街设施和非机动车道，导致行人和非机动车与机动车混行，增加了事故发生的可能性。

（二）路段安全改善措施

针对上述安全问题，我们可以采取以下措施来改善路段的安全性。

1. 完善交通设施

（1）加强交通标志标线的设置和维护：确保标志标线清晰、准确，及时修补或更新损坏的标志标线，提高驾驶者对路况和行驶规则的认识。

（2）增设安全设施：在合适的位置设置减速带、凸面镜等安全设施，提醒驾驶者减速慢行，降低事故风险。

（3）优化交通组织：根据路段特点和交通流量，合理设置车道、交通岛等交通组织，减少车辆冲突点，提高路段通行效率。

2. 改善路况条件

（1）加强路面维护和保养：定期对路段进行巡查和维修，及时修补破损路面和坑洼，保持路面平整、干燥、无积水。

（2）提高路面防滑性能：在雨雪天气或易滑路段，采用防滑材料或设置防滑设施，提高路面的摩擦系数，减少车辆侧滑事故的发生。

3. 加强交通管理与执法

（1）严格交通执法：加大对路段上交通违法行为的查处力度，对超速、违规变道等违法行为进行严厉打击，提高驾驶者的守法意识。

（2）加强巡逻和监控：增加警力投入，加强路段的巡逻和监控力度，及时发现和处理交通事故和违法行为，保障道路的畅通和安全。

4. 提升行人和非机动车安全性

（1）完善行人过街设施：在合适的位置设置人行横道、过街天桥或地下通道等行人过街设施，方便行人安全过街。

（2）设置非机动车道：在有条件的路段设置独立的非机动车道，实现机动车与非机动车的分离，减少混行现象，降低事故风险。

（3）加强宣传教育：通过媒体、宣传栏等途径，加强对行人和非机动车驾驶者的交通安全宣传教育，提高他们的交通安全意识和自我保护能力。

（三）路段安全改善措施的实施与保障

为确保路段安全改善措施的有效实施，需要采取以下保障措施：

加强组织领导：成立专门的路段安全改善工作领导小组，明确各部门的职责和任务分工，形成工作合力。

加大投入力度：政府应加大对路段安全改善工作的投入力度，保障改善措施所需资金、设备和人员到位。

强化科技支撑：积极引进和应用先进的交通安全技术和设备，如智能交通系统、视频监控等，提高路段安全管理的科技含量和效率。

建立长效机制：将路段安全改善工作纳入常态化管理范畴中，建立健全长效机制，确保改善措施的持续性和有效性。

路段安全改善是一项长期且艰巨的任务，需要政府、社会各界和广大市民的共同努力。通过完善交通设施、改善路况条件、加强交通管理与执法以及提升行人和非机动车安全性等多方面的措施，我们可以逐步改善路段安全状况，为人民群众创造一个安全、畅通、和谐的交通环境。同时，我们也应认识到，路段安全改善工作不是一蹴而就的，而是需要持续不断地推进和完善。在未来的工作中，我们应继续加强研究和实践，探索出更加有效的路段安全改善措施，为道路交通安全事业做出更大的贡献。

第四节　交通安全管理与监测

一、交通安全管理制度与措施

交通安全管理制度与措施是确保道路交通秩序井然、预防交通事故发生的重要保障。随着社会经济的快速发展和交通工具的日益增多，交通安全问题也日益凸显，因此，建立和完善交通安全管理制度与措施显得尤为重要。本文将从以下几个方面来探讨交通安全管理制度与措施的重要性和实施策略。

（一）交通安全管理制度的重要性

交通安全管理制度是规范和指导交通安全工作的重要依据，其重要性主要体现在以下几个方面：

规范交通行为：交通安全管理制度通过制定明确的交通规则和操作规程，规范了驾驶者、行人等交通参与者的行为，减少了因违反交通规则而引发的交通事故。

提高安全意识：交通安全管理制度的推广和实施，有助于提高交通参与者的安全意识和自我保护意识，使他们在交通活动中更加注重安全，减少事故风险。

促进交通秩序：通过严格的交通管理制度，可以维护良好的交通秩序，减少交通拥堵和混乱现象，提高道路通行效率。

（二）交通安全管理制度的主要内容

交通安全管理制度应包含以下几个方面：

交通规则制定：制定并不断完善道路交通规则，包括车辆行驶规则、行人过马路规则、交通信号使用规则等，确保交通参与者能明确自己的权利和义务。

安全管理机制：建立健全交通安全管理机制，包括事故处理、交通违法处罚、安全宣传教育等，确保交通安全管理工作的有序进行。

监督与检查：加强对交通安全管理工作的监督和检查，定期对交通设施、交通参与者行为等进行检查和评估，及时发现问题并采取措施加以解决。

（三）交通安全措施的实施策略

为确保交通安全管理制度的有效实施，需要采取一系列措施：

加强宣传教育：通过媒体、宣传栏、学校等途径，广泛开展交通安全宣传教育，提高公众对交通安全问题的认识，增强交通安全意识。

完善交通设施：加大对交通设施的投入力度，建设和完善交通标志、标线、信号灯等交通设施，提高道路通行能力和安全性。

严格执法力度：加强对交通违法行为的查处力度，对超速、酒驾、闯红灯等严重违法行为进行严厉打击，形成高压态势，震慑交通违法行为发生。

强化科技应用：利用现代科技手段，如智能交通系统、大数据分析等，提高交通管理的智能化水平，提升交通安全管理效率。

建立应急机制：建立健全交通事故应急处理机制，确保在发生交通事故时能够及时、有效地进行救援和处理，减少事故损失。

（四）交通安全管理制度与措施的持续改进

交通安全管理制度与措施不是一成不变的，需要随着社会发展和交通状况的变化进行持续改进。为此，应建立以下机制：

定期评估：定期对交通安全管理制度和措施进行评估，了解其实际效果和存在的问题，为其改进提供依据。

反馈机制：建立交通参与者反馈机制，收集他们对交通安全管理制度和措施的意见和建议，为改进提供参考。

创新实践：鼓励和支持交通安全管理的创新实践，探索新的管理模式和方法，提高交通安全管理的水平和效果。

交通安全管理制度与措施是确保道路交通安全的重要保障。通过制定明确的交通规则、建立安全管理机制、加强宣传教育、完善交通设施、严格执法力度、强化科技应用以及建立应急机制等措施，我们可以有效预防和减少交通事故的发生，保障人民群众的生命财产安全。同时，我们还应认识到交通安全管理制度与措施需要持续改进和创新，以适应社会发展和交通状况的变化。

展望未来，随着智能交通、无人驾驶等技术的快速发展，交通安全管理制度与措施将面临新的挑战和机遇。我们应积极使用新技术，探索交通安全管理的新模式和新方法，为构建更加安全、高效、便捷的道路交通环境贡献力量。同时，我们还应加强国际合作与交流，借鉴其他国家和地区的成功经验，共同推动全球交通安全事业的发展。

二、交通监控系统的建立与运行

随着城市化进程的加速和机动车数量的不断增加，交通拥堵、交通事故等问题也日益突出。为了有效应对这些挑战，交通监控系统应运而生，成为现代城市交通管理的重要工具。本文将从交通监控系统的建立与运行两个方面进行详细探讨。

（一）交通监控系统的建立

交通监控系统的建立是一个复杂而系统的工程，需要综合考虑技术、设备、人员等多个方面。以下是建立交通监控系统的主要步骤和要点：

需求分析：明确交通监控系统的目标和功能需求，包括监控范围、监控对象、数据传输和处理要求等。这有助于为后续的系统设计和设备选型提供指导。

系统设计：根据需求分析结果，设计交通监控系统的整体架构和各个功能模块。在设计过程中需要充分考虑系统的可扩展性、稳定性和安全性，确保系统能够长期稳定地运行。

设备选型与采购：根据系统设计要求，选择合适的监控设备，如摄像头、传感器、传输设备等。在设备选型过程中，需要综合考虑设备的性能、价格、兼容性等因素，确保设备能够满足系统的运行需求。

安装与调试：在选定的监控点位安装监控设备，并进行系统的调试和测试。安装过程中需要确保设备的安装位置合理、固定牢固，调试过程中需要对设备的各项参数进行校准和优化，确保设备能够正常工作。

人员培训与制度建立：对交通监控系统的操作和维护人员进行培训，确保他们能够熟练掌握系统的操作方法和维护技巧。同时，建立相应的管理制度和操作规程，规范系统的使用和管理。

（二）交通监控系统的运行

交通监控系统的运行是保障系统发挥作用的关键环节。以下是系统运行的主要内容和要点：

数据采集与传输：通过监控设备来实时采集交通数据，如车流量、车速、违法行为等，并将数据通过传输设备实时传输到数据中心。数据采集和传输的准确性与实时性是系统运行的基础。

数据处理与分析：对数据中心对接收到的数据进行处理和分析，提取出有用的信息。这包括数据清洗、格式转换、统计分析等操作，以便后续的应用和决策支持。

实时监控与预警：通过监控界面实时显示交通状况，包括道路拥堵情况、车辆行驶轨迹等。同时，系统应能够根据预设的规则和算法，自动检测出异常情况并发出预警，如交通事故、违章行为等。

信息发布与共享：将处理后的交通信息通过显示屏、手机 APP 等途径向公众发布，提供实时的交通信息服务。此外，还可以与其他相关部门和系统进行信息共享，实现交通管理的协同化和智能化。

系统维护与升级：定期对交通监控系统进行维护和保养，确保设备的正常运行和系统的稳定性。同时，随着技术的发展和需求的变化，需要对系统进行升级和改造，以适应新的应用场景和需求。

（三）交通监控系统面临的挑战与对策

尽管交通监控系统在交通管理中发挥了重要作用，但在实际应用中也面临着一些挑战。以下是主要的挑战及相应的对策：

数据安全与隐私保护：交通监控系统涉及大量的交通数据和个人隐私信息，需要加强数据安全和隐私保护。这包括加强数据加密、访问控制等措施，防止数据泄露和滥用。

设备故障与维护：监控设备可能因各种原因出现故障或损坏，影响系统的正常运行。因此，需要建立完善的设备维护和故障处理机制，确保设备的可靠性和稳定性。

系统兼容性与扩展性：随着技术的不断进步和应用的不断扩展，交通监控系统需要与其他系统和设备进行兼容和集成。因此，在系统设计和建设的过程中需要考虑系统的兼容性和扩展性，以便未来能够方便地进行升级和改造。

交通监控系统的建立与运行是现代城市交通管理的重要组成部分。通过合理的系统设计和高效的运行管理，交通监控系统能够实时掌握交通状况、预防交通事故、提高道路通行效率。然而，在实际应用中仍面临一些挑战和问题，需要不断加以改进和完善。

展望未来，随着物联网、大数据、人工智能等技术的不断发展，交通监控系统将实现更加智能化、精细化的管理。通过深度挖掘交通数据、优化算法模型等手段，交通监控系统将为城市交通管理提供更加精准、高效的决策支持和服务。同时，也需要加强国际交流与合作，借鉴先进经验和技术，共同推动交通监控系统的创新与发展。

第八章　城市交通环境与噪声控制

第一节　城市交通对环境的影响

一、交通排放对空气质量的影响

交通排放作为现代城市生活中不可避免的一部分，对空气质量产生了深远的影响。随着城市化进程的加速和机动车数量的不断增加，交通排放已成为空气质量恶化的重要原因之一。本文旨在探讨交通排放对空气质量的影响，分析其来源、成分及危害，并提出相应的减排措施和建议。

（一）交通排放的来源与成分

交通排放主要来源于机动车的尾气排放，包括汽车、摩托车、公交车等。这些车辆在行驶过程中燃烧燃料产生大量废气，其中包含了多种有害物质。交通排放的主要成分包括一氧化碳（CO）、氮氧化物（NOx）、碳氢化合物（HC）、颗粒物（PM）等。这些物质对空气质量造成了严重的影响。

（二）交通排放对空气质量的影响

1. 空气污染物的增加

交通排放导致空气中污染物的浓度显著上升。一氧化碳、氮氧化物等有害气体与空气中的氧气、水蒸气等发生化学反应，形成光化学烟雾，降低空气质量。颗粒物则是造成雾霾天气的主要原因之一，对人们的呼吸系统和免疫系统构成威胁。

2. 健康问题的加剧

长期暴露在交通排放污染的空气中，会导致一系列健康问题出现。如呼吸系统疾病、心血管疾病、癌症等。颗粒物中的细小颗粒能够深入肺部，对呼吸系统造成损伤；氮氧化物等气体则会对心血管系统产生负面影响。此外，孕妇、儿童、老年人等敏感人群更容易受到交通排放污染的影响。

3. 生态环境的破坏

交通排放不仅对人类健康构成威胁，还对生态环境造成破坏。污染物通过大气循环，进入水体和土壤中，对生态系统造成长期损害。此外，交通排放还会影响植物的生长和光合作用，降低生态系统的稳定性。

（三）交通排放减排措施与建议

1. 提高机动车排放标准

加强机动车排放标准的制定和执行，限制高污染车辆的使用。推广新能源汽车的使用，鼓励消费者购买环保型车辆，减少传统燃油车的数量。同时，加强车辆年检制度，对不符合排放标准的车辆进行整改或淘汰。

2. 优化交通结构

发展公共交通系统，提高公共交通的覆盖率和便捷性，降低私家车出行比例。加强城市规划，优化道路布局，减少交通拥堵现象，降低车辆行驶过程中的排放。

3. 提高环保意识

加强环保宣传教育，提高公众对交通排放污染的认识和重视程度。倡导绿色出行方式，鼓励人们选择步行、骑行、乘坐公共交通工具等低碳出行方式，减少机动车的使用。

4. 加强政策引导与监管

政府应出台相关政策，对环保型车辆给予税收优惠、购车补贴等支持措施。同时，加强对交通排放的监管力度，对违规排放的车辆进行处罚，确保减排措施得到有效执行。

交通排放对空气质量的影响不容忽视，它不仅对人类健康构成威胁，还对生态环境造成破坏。因此，我们需要采取有效的措施来减少交通排放，提高空气质量。通过提高机动车排放标准、优化交通结构、提高环保意识以及加强政策引导与监管等手段，我们可以逐步改善空气质量，为人们的生活创造出一个更加健康、美好的环境。

展望未来，随着科技的不断进步和社会的发展，我们相信会有更多的新技术和新方法应用于交通排放减排领域。例如，智能交通系统、清洁能源技术等的发展将有助于进一步降低交通排放，改善空气质量。同时，我们也应意识到减排工作是一个长期而艰巨的任务，需要政府、企业和社会各界的共同努力和持续投入。只有大家齐心协力，才能实现交通排放的有效减排，为地球家园的可持续发展贡献力量。

二、交通噪声对居民生活的影响

随着城市化进程的加速和交通事业的快速发展，交通噪声已成为城市环境中不可忽视的污染源之一。交通噪声不仅影响人们的身心健康，还干扰人们的日常生活和工作。本文旨在探讨交通噪声对居民生活的影响，分析其来源、特点、危害，并提出相应的防治对策和建议。

（一）交通噪声的来源与特点

交通噪声主要来源于机动车、飞机、火车等交通工具的运行和行驶过程中产生的声音。这些声音通过空气传播，对周围环境造成噪声污染。交通噪声的特点主要包括以下几个方面。

声源多样：交通噪声的声源包括各种不同类型的交通工具，每种交通工具产生的噪声特性也各不相同。

强度大：交通噪声的声级往往较高，特别是在交通繁忙的路段和时段，噪声强度更是显著。

持续时间长：交通噪声通常具有持续性的特点，尤其是在城市地区，交通噪声几乎无时不在。

影响范围广：交通噪声的影响范围不仅限于道路两侧，还可能通过各类介质传播到更远的区域。

（二）交通噪声对居民生活的具体影响

1. 对健康的影响

长期暴露在高强度交通噪声环境中，会对人体健康产生不良影响。噪声会干扰人们的睡眠，导致睡眠质量下降，长期如此可能会引发失眠、神经衰弱等问题。此外，噪声还会引起人们的心率加快、血压升高，增加心血管疾病的风险。对于儿童来说，交通噪声还可能影响到他们的听力发育和学习能力。

2. 对心理的影响

交通噪声不仅影响人们的身体健康，还会对人们的心理健康产生负面影响。持续的噪声会使人感到烦躁、焦虑、易怒，影响人们的情绪状态。长期生活在噪声环境中的人，容易出现心理压力过大、抑郁等问题，从而降低生活质量。

3. 对日常生活的影响

交通噪声还会干扰人们的日常生活。在家中休息、学习或工作时，噪声会使人难以集中精力，影响工作效率和学习效果。在户外活动时，噪声也会使人们感到不适，从而降低活动的乐趣。

4. 对社会环境的影响

交通噪声还会对社会环境产生不良影响。噪声污染会降低居民的生活质量，影响人们的居住满意度。同时，噪声也会破坏城市的宁静氛围，影响到城市的形象和吸引力。

（三）交通噪声防治对策与建议

1. 加强交通规划与管理

优化交通布局，减少交通拥堵，降低车辆行驶速度，从而减少噪声的产生。加强交通执法，限制高噪声车辆进入城市区域，以控制噪声污染源。

2. 提高建筑隔声性能

在建筑设计和施工中，采用隔声材料和隔声结构，提高建筑物的隔声性能。对于已建成的建筑，可以通过加装隔音窗、隔音门等措施来降低噪声对室内环境的影响。

3. 增强居民噪声防护意识

通过宣传教育，提高居民对噪声污染的认识和重视程度，引导居民采取合理的噪声防护措施，如佩戴耳塞、关闭门窗等。

4. 采用先进的噪声控制技术

研发和应用先进的噪声控制技术，如噪声屏障、消声器等，以此降低交通噪声的传播和影响范围。

5. 加强政策引导与监管

政府应出台相关政策，对交通噪声污染进行严格的监管和治理。对于违反噪声排放标准的行为，应依法进行处罚，确保噪声防治工作的有效实施。

交通噪声对居民生活的影响不容忽视，它不仅对人们的身心健康会产生负面影响，还会干扰人们的日常生活和工作。为了改善居民的生活质量，我们需要采取有效的措施来防治交通噪声污染。通过加强交通规划与管理、提高建筑隔声性能、增强居民噪声防护意识、采用先进的噪声控制技术以及加强政策引导与监管等手段，我们可以逐步降低交通噪声对居民生活的影响，为人们创造一个更加宁静、舒适的生活环境。

展望未来，随着科技的不断进步和社会的发展，我们相信会有更多的新技术和新方法应用于交通噪声防治领域。同时，我们也应意识到防治交通噪声污染是一个长期而艰巨的任务，需要政府、企业和社会各界的共同努力和持续投入。只有大家齐心协力，才能更好地实现交通噪声的有效防治，为居民创造一个更加美好的生活环境。

三、交通拥堵对城市环境的影响

随着城市化进程的加速，机动车数量迅速增长，交通拥堵现象日益严重。交通拥堵不仅影响人们的出行效率，还对城市环境产生了深远的影响。本文旨在探讨交通拥堵对城市环境的影响，分析其产生的后果，并提出相应的缓解措施和建议。

（一）交通拥堵对城市空气质量的影响

交通拥堵是导致城市空气质量下降的重要原因之一。在交通拥堵的情况下，车辆行驶缓慢，排放的尾气中的污染物无法及时扩散开来，导致空气中污染物的浓度升高。这些污染物包括一氧化碳、氮氧化物、挥发性有机物等，它们对人体健康均有害，特别是对呼吸系统和免疫系统的影响尤为显著。长期暴露在污染空气中，人们容易患上呼吸道疾病、心血管疾病等。

（二）交通拥堵对城市噪声环境的影响

交通拥堵还会加剧城市噪声污染。在交通拥堵的路段，车辆频繁鸣笛、刹车，产生大量的噪声。这些噪声不仅会影响人们的休息和睡眠，还会干扰人们的正常工作和学习。长期生活在高噪声环境中，人们容易出现听力下降、心理压力增大等问题。

（三）交通拥堵对城市热岛效应的影响

交通拥堵还会加剧城市热岛效应。在交通拥堵的路段，大量车辆排放的尾气和散热会导致局部气温升高。同时，车辆密集也会减少绿地和植被的面积，降低城市的自然调节能力。这些因素共同作用，使得城市热岛效应更加显著。热岛效应不仅影响人们的舒适度，还会加剧能源消耗和气候变化等问题。

（四）交通拥堵对城市生态环境的破坏

交通拥堵还会对城市生态环境造成破坏。在交通拥堵的情况下，车辆频繁行驶会破坏道路两侧的植被和绿化带，降低城市的绿地面积。此外，交通拥堵还可能引发交通事故，对道路设施和周边建筑造成损害。这些因素都会对城市的生态环境产生负面影响，降低城市的生态质量。

（五）缓解交通拥堵对城市环境影响的措施与建议

1. 优化交通规划与管理

加强城市交通规划，合理布局交通设施，减少交通拥堵的发生。同时，加强交通管理，提高交通运行效率，减少车辆在路上的停留时间，减少尾气排放和降低噪声污染。

2. 推广绿色出行方式

鼓励市民采用步行、骑行、公共交通等绿色出行方式，减少私家车出行。政府可以通过建设更多的步行道、自行车道、公交站等设施，提高绿色出行的便捷性和舒适度。

3. 加强环保法规的执行力度

政府应加强对机动车尾气排放的监管，制定严格的排放标准，并对违规车辆进行处罚。同时，加强对建筑噪声、工业噪声等噪声源的管控，降低城市噪声污染程度。

4. 增加城市绿地面积

通过增加城市绿地面积，提高城市的自然调节能力，缓解热岛效应。政府可以鼓励市民参与城市绿化工作，如植树造林、建设社区花园等。

5. 提升公众环保意识

加强环保宣传教育，提高公众的环保意识，引导市民养成良好的出行习惯和生活方式，共同为改善城市环境贡献力量。

交通拥堵对城市环境的影响是多方面的，它不仅对空气质量、噪声环境、热岛效应和生态环境造成负面影响，还影响了城市居民的生活质量和健康状况。因此，缓解交通拥堵、改善城市环境已成为当前亟待解决的问题。

展望未来，随着科技的不断进步和社会的发展，我们有理由相信，通过加强交通规划与管理、推广绿色出行方式、加强环保法规的执行力度、增加城市绿地面积以及提升公众环保意识等多方面的努力，我们可以逐步缓解交通拥堵对城市环境的负面影响，实现城市的可持续发展。同时，政府、企业和社会各界应共同努力，同心协力，共同为改善城市环境、提升居民生活质量而奋斗。

综上所述，交通拥堵对城市环境的影响不容忽视，我们需要从多个方面入手，采取切实有效的措施来缓解交通拥堵问题，保护城市环境，为居民创造一个更加宜居、健康、美好的生活环境。

第二节　空气质量与交通排放

一、交通排放的主要污染物

随着现代社会的快速发展，交通工具已成为人们日常生活不可或缺的一部分。然而，与此同时，交通排放也成为环境污染的重要源头。交通排放的污染物种类繁多，对空气、水体和土壤等环境要素造成了严重影响。本文旨在深入探讨交通排放的主要污染物，分析其成分、来源、影响及防控措施。

（一）交通排放的主要污染物及其成分

交通排放的主要污染物包括一氧化碳（CO）、氮氧化物（NOx）、碳氢化合物（HC）、颗粒物（PM）以及挥发性有机物（VOCs）等。这些污染物主要来源于机动车的尾气排放，其成分和浓度受到车辆类型、燃油质量、行驶状态等多种因素的影响。

1. 一氧化碳（CO）

一氧化碳是交通排放中常见的有毒气体，主要来源于燃料的不完全燃烧。一氧化碳对人体健康具有潜在危害，能够与血红蛋白结合，进而影响血液携氧能力，导致缺氧症状。

2. 氮氧化物（NOx）

氮氧化物包括一氧化氮（NO）和二氧化氮（NO_2）等，是交通排放中另一种重要的污染物。它们主要来源于高温燃烧过程，对空气质量和人体健康均有较大影响。氮氧化物不仅会导致光化学烟雾的形成，还会对呼吸系统造成刺激和损害。

3. 碳氢化合物（HC）

碳氢化合物是交通排放中的有机污染物，主要来源于燃油的蒸发和不完全燃烧。这些化合物在空气中与氮氧化物发生光化学反应，生成臭氧等二次污染物，对空气质量产生负面影响。

4. 颗粒物（PM）

颗粒物是交通排放中另一类重要的污染物，包括可吸入颗粒物（PM10）和细颗粒物（PM2.5）。它们主要由燃油燃烧产生的固体颗粒、金属磨损颗粒以及道路扬尘等组成。颗粒物对人体健康危害极大，能够深入肺部并沉积在呼吸道中，引发呼吸系统疾病。

5. 挥发性有机物（VOCs）

挥发性有机物是交通排放中的一类有机化合物，主要来源于燃油的蒸发和泄漏。这些化合物在空气中与氮氧化物发生光化学反应，会生成臭氧、醛类等有害物质，对空气质量产生不良影响。

（二）交通排放污染物的影响

交通排放的污染物对环境和人体健康造成了严重的影响。

首先，它们加剧了空气污染，导致空气质量下降，影响人们的呼吸系统和免疫系统健康。长期暴露在污染空气中，人们容易患上呼吸道疾病、心血管疾病等。

其次，交通排放的污染物还会对气候变化产生影响。例如，颗粒物能够影响太阳辐射的吸收和反射，从而对地球的气候系统产生影响。

最后，交通排放的污染物还会对水体和土壤造成污染，破坏生态平衡，影响生物多样性。

（三）交通排放污染物的防控措施

为了有效减少交通排放的污染物，我们需要采取一系列防控措施。

首先，提高机动车排放标准是关键。政府应制定更为严格的排放标准，限制高污染车辆的使用，推广清洁能源汽车，减少传统燃油车的数量。

其次，优化交通结构也是重要手段。发展公共交通系统，提高公共交通的覆盖率和便捷性，降低私家车出行比例。同时，加强城市规划，优化道路布局，减少交通拥堵现象，降低车辆行驶过程中的排放。

再次，提高公众环保意识同样重要。加强环保宣传教育，提高公众对交通排放污染的认识和重视程度。倡导绿色出行方式，鼓励人们选择步行、骑行、乘坐公共交通工具等低碳出行方式，减少机动车的使用。

最后，政府应加强政策引导与监管。出台相关政策，对环保型车辆给予税收优惠、购车补贴等支持措施。同时，加强对交通排放的监管力度，对违规排放的车辆进行处罚，确保减排措施得到有效执行。

交通排放的主要污染物对环境和人体健康造成了严重影响。为了改善空气质量、保护生态环境和保障人类健康，我们需要采取切实有效的措施来减少交通排放。通过提高机动车排放标准、优化交通结构、提高公众环保意识以及加强政策引导与监管等手段，我们可以逐步降低交通排放的污染物含量，为地球家园的可持续发展贡献力量。

展望未来，随着科技的不断进步和社会的发展，我们有理由去相信，通过持续的努力和创新，我们能够实现交通排放的有效减排，为子孙后代留下一个更加美好、宜居的家园。同时，我们也应意识到，减排工作是一个长期而艰巨的任务，需要政府、企业和社会各界的共同努力和持续投入。只有大家齐心协力，才有可能实现交通排放的有效控制，为地球环境保护做出积极贡献。

二、空气质量监测与评估

（一）概述

随着工业化和城市化的快速发展，空气质量问题日益凸显，对人类健康、生态环境和经济发展产生了重要影响。因此，空气质量监测与评估显得尤为重要，它不仅是环境保护工作的基础，也是制定空气污染防治措施的重要依据。本文将对空气质量监测与评估的意义、方法、现状及其未来发展进行探讨。

（二）空气质量监测与评估的意义

空气质量监测与评估是环境保护工作的重要组成部分，具有以下重要意义。

保护人类健康：空气质量的好坏直接关系到人们的呼吸健康。通过监测与评估，可以及时发现空气中的有害物质，提醒公众采取相应的防护措施，降低健康风险。

维护生态平衡：空气质量的恶化会对生态环境造成破坏，影响动植物的生长和繁殖。监测与评估有助于我们及时发现生态问题，为生态保护和恢复提供依据。

促进经济发展：空气质量的好坏对经济发展具有重要影响。改善空气质量有利于提升城市形象，吸引投资和人才，推动经济的可持续发展。

（三）空气质量监测与评估的方法

空气质量监测与评估主要包括以下几个步骤。

确定监测点位：根据区域特点和污染状况，合理布设监测点位，确保监测数据的代表性。

选择监测项目：根据监测目的和需要，选择适当的监测项目，如颗粒物、二氧化硫、氮氧化物等。

采集和分析样品：采用合适的采样方法和设备，收集空气样品，并运用化学、物理等方法对样品进行分析，得到污染物的浓度数据。

数据处理与评估：对监测数据进行整理、分析和评估，计算各项污染物的浓度、超标倍数等指标，评估空气质量状况。

结果发布与反馈：将监测结果及时发布给公众和相关部门，为政策制定和决策提供科学依据，同时接受社会监督。

（四）空气质量监测与评估的现状

目前，我国空气质量监测与评估工作已经取得了显著进展。国家建立了较为完善的空气质量监测网络，实现了对全国重点城市的实时监测和数据发布。同时，各地也积极开展空气质量评估和预警工作，为环境保护和污染防治提供了有力支持。

然而，空气质量监测与评估工作仍存在一些问题和挑战。一方面，监测点位分布不均，部分地区的监测数据代表性不足；另一方面，监测项目和方法还需进一步完善起来，以提高监测数据的准确性和可靠性。此外，公众对空气质量问题的关注度不断提高，对监测与评估工作的要求也越来越高。

（五）空气质量监测与评估的未来发展

面对当前空气质量监测与评估工作存在的问题和挑战，未来应着重从以下几个方面进行改进和发展。

完善监测网络：进一步优化监测点位布局，提高监测数据的代表性和覆盖面。同时，加强与其他国家和地区的合作与交流，共同推动全球空气质量监测与评估工作的发展。

提升监测技术水平：加强监测技术的研究与创新，提高监测设备的自动化、智能化水平。运用大数据、人工智能等先进技术，对监测数据进行深度挖掘和分析，为空气质量评估和预警提供更加精准的依据。

强化公众参与：加强公众对空气质量监测与评估工作的了解和认识，提高公众的环保意识和参与度。建立有效的公众反馈机制，及时回应社会关切和诉求，推动空气质量监测与评估工作的持续改进和优化。

制定科学有效的防治措施：根据空气质量监测与评估结果，制定针对性的污染防治措施和政策。加大对空气污染防治的投入力度，推动产业结构调整和能源结构优化，从源头上改善空气质量。

空气质量监测与评估是环境保护工作的重要组成部分，对于保护人类健康、维护生态平衡和促进经济发展具有重要意义。虽然我国空气质量监测与评估工作已经取得了一定进展，但仍需不断完善和改进。未来应着重从完善监测网络、提升监测技术水平、强化公众参与和制定科学有效的防治措施等方面入手，推动空气质量监测与评估工作的持续发展，为构建美丽中国贡献力量。

三、交通排放控制策略与措施

（一）概述

随着全球经济的快速发展和城市化进程的加速，交通排放已成为影响空气质量和生态环境的重要因素。大量汽车尾气排放不仅会导致空气污染加剧，还对人体健康、气候变化等方面产生负面影响。因此，实施有效的交通排放控制策略与措施显得尤为重要。本文将探讨当前交通排放控制的策略与措施，分析其优缺点，并提出一些建议以供参考。

（二）交通排放控制策略

1. 法规与政策引导

政府通过制定严格的排放标准、限制高污染车辆上路、实施环保补贴政策等手段，引导公众选择环保出行方式。同时，政府还可以加大对违法排放行为的处罚力度，提高企业和个人的环保意识。

2. 技术创新与推广

鼓励汽车制造企业研发低排放、高效能的新能源汽车，推广清洁能源技术，如电动汽车、混合动力汽车等。此外，相关企业还可以通过改进发动机技术、优化燃油质量等方式降低交通排放。

3. 公共交通优先

发展公共交通系统，提高公共交通的覆盖率和便捷性，降低私家车出行比例。通过优化公共交通网络、提高服务质量、实施公交优先等措施，吸引更多市民去选择公共交通工具出行。

4. 城市规划与交通管理

在城市规划中充分考虑交通排放问题，优化道路布局，减少交通拥堵现象。同时，加强交通管理，实施交通限行、拥堵收费等措施，降低车辆行驶过程中的尾气排放。

（三）交通排放控制措施

1. 车辆尾气治理

对在用车辆进行尾气治理，如安装尾气净化装置、定期检测和维护车辆等，确保车辆尾气排放达标。此外，还可以推广使用低硫燃油、生物柴油等环保燃料，降低车辆尾气排放。

2. 推广绿色出行方式

鼓励市民选择步行、骑行、乘坐公共交通工具等绿色出行方式,减少机动车的使用。通过建设步行道、自行车道等基础设施,提高绿色出行方式的便捷性和舒适度。

3. 提高公众环保意识

加强环保宣传教育,提高公众对交通排放问题的认识和重视程度。通过举办环保活动、开展环保知识普及等方式,增强公众的环保意识和责任感。

4. 加强国际合作与交流

借鉴其他国家和地区的成功经验,共同研究解决交通排放问题。通过加强国际合作与交流,推动全球范围内的交通排放控制工作取得更大进展。

(四)交通排放控制策略与措施的优缺点分析

1. 优点

(1)法规与政策引导能够有效约束企业和个人的行为,推动环保产业的发展。

(2)技术创新与推广能够从根本上降低交通排放,提高能源利用效率。

(3)公共交通优先和城市规划与交通管理能够优化交通结构,降低私家车出行比例,减少交通拥堵和排放情况。

(4)车辆尾气治理和绿色出行方式推广能够直接减少机动车尾气排放,改善空气质量。

2. 缺点

(1)法规与政策引导需要政府投入大量资金和人力进行监管和执行,成本较高。

(2)技术创新与推广需要较长时间进行研发和推广,且需要解决技术成熟度、成本等问题。

(3)公共交通优先和城市规划与交通管理需要政府进行长期规划和投资,且可能面临市民出行习惯改变等挑战。

(4)车辆尾气治理和绿色出行方式推广需要公众积极参与和配合,但部分公众可能缺乏环保意识和行动力。

(五)建议与展望

加强政府引导和监管力度,确保交通排放控制策略与措施得到有效执行。

加大科技创新投入,推动新能源汽车等环保技术的发展和应用。

优化公共交通系统,提高服务质量,吸引更多市民选择公共交通工具出行。

加强环保宣传教育,提高公众环保意识,形成全社会共同参与交通排放控制的良好氛围。

加强国际合作与交流,共同应对交通排放问题,推动全球可持续发展。

交通排放控制是一个复杂而紧迫的问题，需要政府、企业和公众共同努力。通过实施有效的交通排放控制策略与措施，我们可以降低交通排放对环境和健康的负面影响，推动可持续发展。在未来，我们应继续关注交通排放问题的发展趋势和挑战，不断完善和创新交通排放控制策略与措施，为构建美丽中国和全球生态文明做出积极贡献。

第三节　城市噪声的来源与影响

一、交通噪声的来源

（一）概述

随着城市化进程的加速和交通事业的快速发展，交通噪声已成为城市环境噪声的主要来源之一。交通噪声不仅影响着人们的日常生活和工作，还可能对人们的身心健康产生负面影响。因此，了解交通噪声的来源，对于有效控制和管理交通噪声具有重要意义。本文将详细探讨交通噪声的主要来源，并分析其成因和影响。

（二）交通噪声的来源分析

1. 车辆噪声

车辆噪声是交通噪声的主要来源之一。不同类型的车辆产生的噪声强度和频率各不相同。例如，大型货车、公交车等重型车辆由于发动机功率大、载重量大，其产生的噪声往往比小型轿车更为显著。此外，车辆的行驶速度、加速度、刹车等操作也会产生不同程度的噪声。

车辆噪声主要来源于发动机、排气系统、轮胎与路面摩擦以及车身振动等方面。发动机噪声是车辆噪声的主要组成部分，其产生原因包括燃烧噪声、机械噪声和空气动力噪声等。排气系统噪声主要是废气排放时产生的气流噪声和振动噪声。轮胎与路面摩擦噪声则与路面材料、轮胎类型以及行驶速度等因素有关。车身振动噪声则是由车辆行驶过程中车身结构振动产生的。

2. 道路噪声

道路噪声是交通噪声的另一个重要来源。道路噪声主要来源于轮胎与路面的摩擦、车辆行驶过程中产生的气流噪声以及道路设施（如桥梁、隧道等）的振动噪声。不同路面材料对噪声的产生和传播具有显著影响。例如，沥青路面的噪声水平通常会高于水泥路面。此外，道路的平整度、坡度等也会对噪声产生影响。

3. 交通设施噪声

交通设施噪声主要来源于交通信号灯、路标、护栏等交通设施的振动和气流噪声。虽然这些设施的噪声水平相对较低，但在某些特定情况下（如夜间或静谧环境中），它们也可能成为不可忽视的噪声源。

4. 轨道交通噪声

随着城市轨道交通系统的快速发展，轨道交通噪声也逐渐成为城市环境噪声的重要组成部分。轨道交通噪声主要来源于列车行驶过程中车轮与轨道的摩擦、列车动力系统（如电机、传动装置等）的噪声以及列车通过隧道、桥梁等结构时产生的回声和振动噪声。此外，地铁列车在进出站时，由于速度变化较大，也会产生较为明显的噪声。

（三）交通噪声的影响

交通噪声对人们的生活、工作和健康产生着广泛的影响。首先，交通噪声会干扰人们的正常生活和休息，降低生活质量。长期暴露在噪声环境中，人们可能会出现烦躁、失眠、头痛等症状。其次，交通噪声还会影响人们的工作效率和学习效果。在高噪声环境下，人们难以集中注意力，工作效率和学习成绩可能会受到严重影响。最后，交通噪声还可能对人们的身心健康产生长期负面影响，如引发高血压、心脏病等慢性疾病。

（四）交通噪声控制与管理措施

为了有效控制和管理交通噪声，就需要从多个方面入手。首先，政府应制定严格的交通噪声排放标准，限制高噪声车辆的上路。同时，加大对违法排放行为的处罚力度，提高企业和个人的环保意识。其次，加强科技创新，研发低噪声车辆和交通设施，推广使用新能源汽车等环保交通工具。再次，优化城市规划，合理布局交通设施，减少交通拥堵现象，从而降低交通噪声的产生。最后，加强公众教育和宣传，提高公众对交通噪声问题的认识和重视程度，形成全社会共同参与交通噪声控制的良好氛围。

交通噪声是城市环境噪声的主要来源之一，对人们的生活、工作和健康产生着广泛的影响。了解交通噪声的来源和成因，对于有效控制和管理交通噪声具有重要意义。通过政府引导、科技创新、城市规划以及公众教育等多方面的努力，我们可以有效降低交通噪声的产生和传播，为人们创造一个更加安静、舒适的生活环境。

在未来的城市发展中，我们应继续关注交通噪声问题的发展趋势和挑战，不断完善和创新交通噪声控制与管理措施，推动城市可持续发展和人民福祉的提升。同时，加强国际合作与交流，借鉴其他国家和地区的成功经验，共同应对交通噪声这一全球性问题。

二、噪声对居民健康的影响

（一）概述

随着现代工业化和城市化的快速发展，噪声污染问题日益突出，对居民的日常生活和健康产生了不可忽视的影响。噪声不仅会干扰人们的休息和睡眠，还可能引发一系列身心健康问题。因此，深入了解噪声对居民健康的影响，对于制定有效的噪声控制措施、保障居民的健康权益具有重要意义。

（二）噪声对居民健康的影响分析

1. 生理健康影响

（1）听力损伤：长期暴露在噪声环境中，尤其是高强度噪声，会对人的听力系统造成损伤。噪声会导致听觉神经受损，引发听力下降、耳鸣等症状，严重时甚至可能导致耳聋。

（2）心血管系统影响：噪声刺激会引起人体交感神经兴奋，导致心率加快、血压升高。长期暴露于噪声环境中，可能会增加患高血压、冠心病等心血管疾病的风险。

（3）内分泌系统影响：噪声会影响人体内分泌系统的正常功能，导致激素分泌紊乱。长期暴露于噪声中，可能会引发内分泌失调，进而影响到人体的代谢和免疫功能。

（4）消化系统影响：噪声还会对消化系统产生不良影响，导致胃肠功能紊乱，出现食欲不振、消化不良等症状。

2. 心理健康影响

（1）睡眠质量下降：噪声会干扰人们的睡眠，导致睡眠质量下降。长期睡眠不足会引发疲劳、注意力不集中等问题，影响人们的日常生活和工作效率。

（2）情绪障碍：噪声会导致人们情绪不稳定，出现焦虑、烦躁、易怒等情绪障碍。长期情绪不良会对心理健康产生负面影响，甚至可能导致心理疾病的发生。

（3）认知功能受损：噪声还会对人们的认知功能产生不良影响，降低记忆力、思维能力和判断力。这对于儿童、青少年和老年人的影响尤为显著，可能会影响到他们的学习和生活能力。

（三）噪声对居民健康影响的个体差异

噪声对居民健康的影响因个体差异而异，受到年龄、性别、健康状况等多种因素的影响。例如，老年人、孕妇、儿童等敏感人群对噪声的耐受能力较低，更容易受到噪声的不良影响。此外，患有心血管疾病、神经系统疾病等慢性疾病的人群，也更容易受到噪声的侵害。

（四）噪声污染防控措施

为了降低噪声对居民健康的影响，就需要采取一系列有效的噪声污染防控措施。首先，政府应制定严格的噪声排放标准，限制高噪声源的排放。同时，加强噪声污染源的监管和治理，对违法排放行为进行严厉打击。其次，城市规划应充分考虑噪声污染问题，合理布局噪声敏感区域和噪声源，减少噪声对居民的影响。再次，推广使用低噪声技术和设备，降低噪声源的强度。最后，加强公众教育和宣传，提高居民对噪声污染的认识和重视程度，营造全社会共同参与噪声污染防控的良好氛围。

噪声对居民健康的影响不容忽视，它涉及生理和心理健康的多个方面。为了保障居民的健康权益，我们需要深入了解噪声污染的来源和特性，制定有效的防控措施。通过政府引导、科技创新、城市规划以及公众教育等多方面的努力，我们可以逐步改善噪声环境，降低噪声对居民健康的影响。

然而，噪声污染防控工作仍面临诸多挑战。未来，我们需要进一步加强噪声污染的研究和监测，提高噪声防控技术的水平和效率。同时，加强国际合作与交流，借鉴其他国家和地区的成功经验，共同应对噪声污染这一全球性问题。相信在全社会的共同努力下，我们一定能够创造一个更加安静、健康的生活环境。

（五）建议

针对噪声对居民健康的影响问题，提出以下建议。

完善噪声污染防控法规和政策，确保法规的严格执行和有效监管。加大对违法行为的处罚力度，提高企业和个人的环保意识。

加强噪声污染源的监测和评估工作，建立完善的噪声污染数据库，为制定防控措施提供科学依据。

推广使用低噪声技术和设备，鼓励企业进行技术创新和研发，降低噪声源的强度。

在城市规划中充分考虑噪声污染问题，优化城市空间布局，减少噪声对居民的影响。对于噪声敏感区域，应采取有效的隔声降噪措施。

加强公众教育和宣传，提高居民对噪声污染的认识和重视程度。通过举办宣传活动、发放宣传资料等方式，普及噪声污染的危害和防控知识。

建立跨部门协作机制，加强政府、企业和社会各界在噪声污染防控方面的合作与交流，共同应对噪声污染问题。

综上所述，噪声对居民健康的影响是一个复杂而严峻的问题，需要我们从多个方面入手进行综合防治。通过全社会的共同努力和持续投入，相信我们一定能够改善噪声环境，保障居民的健康权益。

三、噪声对城市环境的影响

（一）概述

随着城市化进程的加速和工业化的快速发展，噪声污染问题逐渐成为城市环境面临的重大挑战之一。噪声不仅干扰人们的日常生活和工作，还可能对城市的生态环境和居民健康产生深远影响。因此，深入了解噪声对城市环境的影响，对于制定有效的噪声控制策略、促进城市的可持续发展具有重要意义。

（二）噪声对城市环境的具体影响

1. 对居民生活的影响

噪声污染首先直接影响城市居民的生活质量。无论是交通噪声、工业噪声还是社会噪声，都会对人们的休息、睡眠和学习工作造成干扰。长期处于噪声环境中，人们可能会感到疲劳、烦躁，甚至引发心理压力，从而影响身心健康。特别是老年人、儿童、孕妇等敏感人群，对噪声的耐受能力较低，更容易受到噪声的不良影响。

2. 对城市生态的影响

噪声污染还会对城市生态环境产生不良影响。高强度的噪声会干扰动植物的生长繁殖，破坏生态平衡。例如，鸟类可能因噪声干扰而无法正常繁殖，昆虫的迁徙和授粉行为也可能因此受到影响。此外，噪声还可能影响城市绿地的生态功能，降低其吸音降噪的能力。

3. 对城市形象的影响

噪声污染还会影响城市的形象和声誉。一个充满噪声的城市往往给人以混乱、无序的印象，不利于城市的形象塑造和品牌建设。此外，噪声污染还可能影响城市的旅游业发展，降低游客的满意度和留存率。

（三）噪声污染的来源分析

在城市环境中，噪声污染主要来源于以下几个方面。

交通噪声：汽车、火车、飞机等交通工具产生的噪声，是城市噪声污染的主要来源之一。

工业噪声：工厂、施工现场等工业活动产生的噪声，通常具有高强度和持续性。

社会噪声：商业活动、娱乐场所、人群聚集等社会现象产生的噪声，如商店的音乐、人群的喧哗等。

建筑噪声：建筑施工过程中产生的噪声，如打桩、搅拌等作业声。

这些噪声源的存在不仅加剧了城市环境的噪声污染程度，还使得噪声污染问题变得复杂多样，难以得到有效治理。

（四）噪声控制的挑战与对策

噪声控制对于改善城市环境具有重要意义，但在实际操作中面临着诸多挑战。首先，噪声源的多样性和复杂性使得噪声控制难以一蹴而就。不同噪声源的特性、传播途径和影响范围各不相同，需要制定针对性的控制策略。其次，噪声控制需要跨部门、跨领域的合作与协调，涉及政府、企业、居民等多个利益主体，协调难度较大。最后，噪声控制技术的研发和推广也需要大量投入和持续努力。

针对这些挑战，我们可以采取以下对策。

制定严格的噪声排放标准和监管制度，限制高噪声源的排放。同时，加强执法力度，对违法排放行为进行严厉打击。

推广使用低噪声技术和设备，鼓励企业进行技术创新和研发，降低噪声源的强度。

优化城市规划，合理布局噪声敏感区域和噪声源，减少噪声对居民的影响。例如，在居住区附近设置绿化带、声屏障等隔音设施。

加强公众教育和宣传，提高居民对噪声污染的认识和重视程度。通过举办宣传活动、发放宣传资料等方式，普及噪声污染的危害和防控知识。

建立噪声污染监测和评估体系，定期对城市噪声污染状况进行监测和评估，为制定防控措施提供科学依据。

噪声对城市环境的影响是多方面的，不仅影响居民的生活质量，还会破坏城市的生态环境和形象。因此，我们必须高度重视噪声污染问题，采取有效的措施进行控制和治理。通过政府引导、科技创新、城市规划以及公众教育等多方面的努力，我们可以逐步改善城市噪声环境，为居民创造一个更加安静、舒适的生活空间。

展望未来，随着科技的不断进步和社会文明程度的提高，我们有理由相信，噪声污染问题将得到更好的解决。通过深入研究噪声污染的成因和机理，开发更加高效、环保的噪声控制技术，我们有望构建一个更加宁静、和谐的城市环境。同时，加强国际合作与交流，借鉴其他国家和地区的成功经验，也将有助于我们去更好地应对噪声污染挑战。

综上所述，噪声对城市环境的影响不容忽视，我们必须采取切实有效的措施进行控制和治理。让我们共同努力，为创造一个更加美好的城市环境而奋斗。

第四节　交通噪声控制策略

一、噪声源控制措施

（一）概述

随着工业化和城市化的快速发展，噪声污染问题日益突出，对人们的日常生活和健康都产生了严重影响。噪声不仅干扰人们的休息和睡眠，还可能引发一系列身心健康问题。因此，采取有效的噪声源控制措施，减少噪声的产生和传播，对于改善人们的生活环境、保障居民的健康权益具有重要意义。

（二）噪声源控制措施的分类与实施

噪声源控制措施主要包括技术控制、管理控制和规划控制三个方面，它们共同构成了噪声污染防治的完整体系。

1. 技术控制

技术控制是噪声源控制的核心手段，通过采用先进的低噪声技术、设备和工艺，减少噪声的产生和排放。具体措施包括以下内容。

（1）使用低噪声设备：在选购设备时，优先选择低噪声、高效能的设备，降低设备运行时的噪声水平。

（2）优化设备布局：合理布局设备，避免设备之间的噪声叠加和干扰，减少噪声的传播范围。

（3）采取隔声措施：在设备周围设置隔声屏障或隔声罩，隔绝噪声的传播路径，降低噪声对周围环境的影响。

（4）振动控制：对于振动产生的噪声，可以采用减振措施，如安装减振垫、减振器等，减少振动传递和噪声产生。

2. 管理控制

管理控制是通过制定和执行噪声管理制度、规范操作规程等方式，减少人为因素导致的噪声污染。具体措施包括以下内容。

（1）制定噪声管理制度：明确噪声排放标准、监测方法、处罚措施等，为噪声管理提供制度保障。

（2）加强噪声监测：定期对噪声源进行情况监测，掌握噪声排放情况，及时发现问题并采取措施进行整改。

（3）培训与教育：加强对噪声污染危害的宣传教育，提高公众对噪声污染的认识和重视程度。同时，对企业员工进行噪声控制技术的培训，提高噪声控制的意识和能力。

（4）强化执法力度：加大对违法排放噪声行为的处罚力度，形成有效的威慑力，促使企业和个人自觉遵守噪声管理制度。

3. 规划控制

规划控制是通过城市规划、土地利用规划等手段，优化城市空间布局，减少噪声对居民的影响。具体措施包括以下内容。

（1）合理布局噪声敏感区域：在城市规划中，充分考虑噪声敏感区域（如居住区、学校、医院等）的布局，避免将其布置在高噪声源附近。

（2）设置绿化带和声屏障：在噪声源与敏感区域之间设置绿化带或声屏障，利用植物和建筑物的吸音、隔音作用，降低噪声对敏感区域的影响。

（3）优化交通规划：合理规划道路网络和交通流线，减少交通拥堵和车辆频繁启停产生的噪声。同时，推广使用公共交通、非机动交通等低噪声交通方式。

（4）控制城市开发强度：在城市开发中，合理控制建筑密度和高度，避免形成噪声的"峡谷效应"，减少噪声在城市空间中的传播和放大。

（三）噪声源控制措施的效果评估与持续改进

实施噪声源控制措施后，需要对其效果进行科学评估，以便了解措施的有效性并持续改进。评估方法包括定期监测噪声排放水平、收集居民反馈意见、分析噪声投诉数据等。根据评估结果，可以调整和优化控制措施，进一步提高噪声控制的效果。

同时，随着科技的不断进步和噪声控制技术的不断发展，应不断引进和推广新的噪声控制技术和管理方法，以适应不断变化的噪声污染形势。此外，加强国际合作与交流，借鉴其他国家和地区的成功经验，也是推动噪声源控制措施持续改进的重要途径。

噪声源控制措施是改善城市环境、保障居民健康权益的重要手段。通过技术控制、管理控制和规划控制等多方面的措施，可以有效减少噪声的产生和传播，为居民创造一个更加安静、舒适的生活环境。然而，噪声源控制工作仍面临诸多挑战，需要政府、企业和社会各界共同努力，形成合力去推动噪声污染防治工作的深入开展。

展望未来，随着科技的不断进步和社会文明程度的不断提高，我们有理由相信，噪声源控制措施将更加完善和有效。通过持续的技术创新、制度优化和公众参与，我们有望构建一个更加宁静、和谐的城市环境，让居民在安静中享受美好的生活。

综上所述，噪声源控制措施是噪声污染防治工作的关键所在。只有采取切实有效的措施，从源头上控制噪声的产生和传播，才能真正解决噪声污染问题，为居民创造一个宜居的城市环境。

二、传播途径控制措施

（一）概述

噪声污染作为现代城市生活中的一大难题，其传播途径的控制是降低噪声污染影响、保障居民生活质量的关键所在。通过采取一系列有效的传播途径控制措施，可以阻断噪声的传播路径，减少噪声对周围环境及居民的干扰。本文将详细探讨传播途径控制措施的各个方面，以期为噪声污染的有效防治提供有效参考。

（二）传播途径控制措施的分类与实施

1. 隔声措施

隔声措施是传播途径控制的重要手段之一，其主要目的是通过构建隔声屏障或隔声罩等物理结构，阻隔噪声的传播。在城市环境中，常见的隔声措施包括以下内容。

（1）建筑隔声：在建筑设计中充分考虑隔声需求，采用隔声性能良好的建筑材料和结构，减少噪声在建筑内部的传播。例如，在墙体、地板和天花板中使用隔音材料，提高建筑的整体隔声效果。

（2）道路隔声：在道路交通噪声较大的区域，设置隔声屏障或绿化带，减少噪声对道路两侧居民的影响。隔声屏障的高度、长度和材质需根据具体情况去进行选择，以达到最佳的隔声效果。

（3）设备隔声：对于噪声源设备，如工业设备、空调机组等，可设置隔声罩或隔声房，将噪声源与周围环境隔离，降低噪声对周围环境的影响。

2. 吸声措施

吸声措施是通过使用吸声材料，吸收声能，减少噪声的反射和传播。在城市噪声控制中，吸声措施的应用也十分广泛。具体措施包括以下内容。

（1）室内吸声：在室内空间中，使用吸声材料装饰墙面、天花板等，减少噪声的反射和回音，提高室内声环境质量。

（2）室外吸声：在公共场所、广场等室外空间，设置吸声设施，如吸声墙、吸声座椅等，减少噪声的传播范围和对周围环境的干扰。

3. 噪声传播路径的优化

除了隔声和吸声措施外，优化噪声传播路径也是有效的传播途径控制措施。具体措施包括以下内容。

（1）合理规划城市空间布局：通过合理规划城市道路、建筑和绿地等空间布局，减少噪声传播的直接路径，降低噪声对居民的影响。

（2）利用地形地貌：在城市规划中，充分利用地形地貌特点，如山丘、河流等自然屏障，阻挡噪声的传播。

（3）设置声屏障或绿化带：在噪声源与敏感区域之间设置声屏障或绿化带，利用声屏障的反射作用和绿化带的吸收作用，减少噪声的传播。

（三）传播途径控制措施的实施效果与持续改进

实施传播途径控制措施后，需对其效果进行评估，以便了解措施的有效性并持续改进。评估方法包括定期监测噪声水平、收集居民反馈意见、分析噪声投诉数据等。根据评估结果，我们可以调整和优化控制措施，进一步提高噪声控制的效果。

此外，随着科技的不断进步和噪声控制技术的不断发展，应不断引进和推广新的传播途径控制措施。例如，利用先进的声学材料和结构设计，提高隔声和吸声效果；利用智能噪声控制系统，实时监测和调控噪声水平等。

同时，加强公众教育和宣传也是推广传播途径控制措施的重要途径。通过普及噪声污染的危害和防控知识，提高公众对噪声控制的认识和重视程度，形成全社会共同参与噪声污染防治的良好氛围。

传播途径控制措施是噪声污染防治的重要组成部分，对于减少噪声对周围环境及居民的干扰具有重要意义。通过采取隔声、吸声和优化噪声传播路径等措施，可以有效阻断噪声的传播路径，降低噪声污染的影响。然而，噪声控制工作仍面临诸多挑战，需要政府、企业和社会各界共同努力，形成合力推动噪声污染防治工作的深入开展。

展望未来，随着科技的不断进步和社会文明程度的提高，我们有理由相信，传播途径控制措施将更加完善和有效。通过持续的技术创新、制度优化和公众参与，我们有望构建一个更加宁静、和谐的城市环境，让居民在安静中享受美好的生活。

综上所述，传播途径控制措施是噪声污染防治的关键环节，只有采取切实有效的措施，才能从源头上减少噪声的产生和传播，真正解决噪声污染问题。让我们携手共进，为创造一个宁静宜居的城市环境而努力。

三、受体防护措施

（一）概述

随着工业化、城市化的快速发展，噪声污染问题日益凸显，对人们的日常生活和健康造成了严重影响。噪声不仅干扰人们的休息和睡眠，还可能引发一系列身心健康问题。受体防护措施作为噪声污染防治的重要一环，旨在保护人们免受噪声的干扰和伤害，确保人们在一个安静、舒适的环境中生活和工作。本文将从噪声对受体的影响、受体防护措施的分类与实施、实施效果与持续改进等方面进行详细探讨。

（二）噪声对受体的影响

噪声对受体的影响是多方面的，主要包括心理、生理和行为等方面。心理方面，噪声可能导致人们产生烦躁、焦虑、抑郁等负面情绪，影响人们的心理健康。生理方面，噪声可能干扰人们的睡眠，导致失眠、疲劳等问题，还可能引发高血压、心脏病等慢性疾病。行为方面，噪声可能分散人们的注意力，降低工作效率，甚至导致安全事故的发生。因此，采取有效的受体防护措施，减少噪声对受体的影响，具有重要的现实意义。

（三）受体防护措施的分类与实施

受体防护措施主要包括个人防护、环境改善和社区参与等方面，它们共同构成了噪声污染防治的完整体系。

1. 个人防护

个人防护是受体防护措施的基础，通过佩戴防噪耳塞、耳罩等个人防护设备，减少噪声对个人的直接干扰。在选择个人防护设备时，应确保其具有良好的隔声性能，并适合个人佩戴。此外，定期更换和维护个人防护设备，确保其始终处于良好的工作状态。

2. 环境改善

环境改善是从源头上减少噪声的产生和传播，为受体创造一个安静的生活环境。具体措施包括如下内容。

（1）优化建筑设计：在建筑设计中充分考虑噪声控制需求，采用隔声性能良好的建筑材料和结构，减少噪声在建筑内部的传播。

（2）加强交通管理：通过优化交通流线、限制车辆速度、推广低噪声交通工具等措施，减少交通噪声的产生和传播。

（3）绿化环境：通过增加绿地面积、种植降噪植物等方式，利用植物具有的吸声和隔音作用，降低噪声对周围环境的影响。

3. 社区参与

社区参与是受体防护措施的重要组成部分，通过加强社区居民的噪声防治意识和能力，形成共同参与噪声污染防治的良好氛围。具体措施包括如下内容。

（1）加强宣传教育：通过举办噪声污染防治知识讲座、发放宣传资料等方式，提高社区居民对噪声污染的认识和重视程度。

（2）建立噪声投诉机制：设立噪声投诉热线或网络平台，方便居民及时反映噪声污染问题，促使相关部门及时采取措施进行处理。

（3）鼓励居民参与：组织社区居民参与噪声污染防治活动，如开展噪声监测、制定社区噪声管理规定等，增强居民的责任感和参与度。

（四）受体防护措施的实施效果与持续改进

实施受体防护措施后，还需要对其效果进行评估，以便了解措施的有效性并持续改进。评估方法包括定期监测噪声水平、收集居民反馈意见、分析噪声投诉数据等。根据评估结果，可以调整和优化控制措施，进一步提高噪声控制的效果。

同时，随着科技的不断进步和噪声控制技术的不断发展，应不断引进和推广新的受体防护措施。例如，研发更加舒适、高效的个人防护设备；探索更加环保、经济的降噪材料和技术；加强智能噪声控制系统的研发和应用等。

此外，加强国际合作与交流也是推动受体防护措施持续改进的重要途径。通过借鉴其他国家和地区的成功经验和技术成果，可以加快我国噪声污染防治工作的进程，提高受体防护措施的水平和效果。

受体防护措施是噪声污染防治工作的重要组成部分，对于保护人们免受噪声的干扰和伤害具有重要意义。通过实施个人防护、环境改善和社区参与等措施，可以有效减少噪声对受体的影响，提高人们的生活质量。然而，受体防护工作仍面临诸多挑战，还需要政府、企业和社会各界共同努力，形成合力推动噪声污染防治工作的深入开展。

展望未来，随着科技的不断进步和社会文明程度的不断提高，我们有理由相信，受体防护措施将更加完善和有效。通过持续的技术创新、制度优化和公众参与，我们有望构建一个更加宁静、和谐的社会环境，让人们在安静中享受美好的生活。

综上所述，受体防护措施是噪声污染防治的关键环节，只有采取切实有效的措施，才能从源头上减少噪声对受体的影响，真正解决噪声污染问题。让我们携手共进，为创造一个宁静宜居的社会环境而共同努力。

第九章　智慧城市与交通信息化

第一节　智慧城市的概念与特征

一、智慧城市的定义与内涵

（一）概述

随着信息技术的迅猛发展和城市化进程的加速推进，智慧城市已成为当今城市发展的重要趋势。智慧城市通过运用先进的信息技术手段，将城市的各个领域进行智能化改造和升级，旨在提升城市的运行效率、改善居民的生活质量、促进可持续发展。然而，对于智慧城市的定义和内涵，目前尚未形成统一的认识。本文旨在探讨智慧城市的定义与内涵，以期为智慧城市的建设和发展提供理论支持和实践指导。

（二）智慧城市的定义

智慧城市是指运用物联网、云计算、大数据、空间地理信息集成等新一代信息技术，以此促进城市规划、建设、管理和服务智慧化的新理念和新模式。这一定义强调了信息技术在智慧城市建设中的核心作用，以及智慧化对于城市规划、建设、管理和服务的促进作用。智慧城市不仅是一个技术概念，更是一个涵盖了城市各个领域的综合概念。它涵盖了政府管理、经济发展、社会民生、环境保护等多个方面，是一个复杂而庞大的系统工程。

（三）智慧城市的内涵

1. 信息技术的深度应用

信息技术的深度应用是智慧城市的核心内涵。包括物联网、云计算、大数据、人工智能等新一代信息技术的应用，通过感知、传输、处理和应用信息，实现城市的智能化管理和服务。例如，通过物联网技术实现城市基础设施的智能化监测和维护，通过云计算和大数据技术实现城市数据的集中存储和分析，通过人工智能技术实现城市服务的智能化提升等。

2. 城市管理的智能化

城市管理的智能化是智慧城市的重要内涵。通过信息技术手段，实现城市管理的精细化、高效化和智能化。例如，通过智能交通系统实现交通流量的实时监测和调度，提高交通运行效率；通过智能安防系统实现城市安全的全面监控和预警，提高城市的安全防范能力；通过智能环保系统实现环境监测和污染治理的自动化和智能化，提高城市的环境质量等。

3. 社会服务的便捷化

社会服务的便捷化是智慧城市的另一重要内涵。通过信息技术手段，实现城市服务的智能化和个性化，提高居民的生活质量和幸福感。例如，通过智能医疗系统实现医疗资源的优化配置和医疗服务的智能化提升，为居民提供更加便捷、高效的医疗服务；通过智能教育系统实现教育资源的共享和优化配置，提高教育质量；通过智能公共服务系统实现政务服务的在线化和智能化，提高政府服务效率等。

4. 经济发展的创新驱动

经济发展的创新驱动是智慧城市的又一重要内涵。通过信息技术手段，推动城市的产业创新和经济转型升级。例如，通过发展数字经济、智能制造等新兴产业，推动城市经济的持续增长；通过优化营商环境、提高创新能力等方式，吸引更多的创新资源和人才聚集起来，推动城市的创新发展。

5. 环境保护的可持续发展

环境保护的可持续发展是智慧城市不可或缺的内涵。通过信息技术手段，实现城市资源的合理利用和环境的保护。例如，通过智能电网系统实现能源的高效利用和节能减排；通过智能水务系统实现水资源的合理利用和水环境保护；通过智能绿色建筑实现建筑节能和环保等。这些措施都有助于推动城市的绿色发展和可持续发展。

（四）智慧城市建设的挑战与对策

尽管智慧城市的建设具有诸多优势，但在实际推进过程中也面临着一些挑战。首先，技术更新换代迅速，要求城市管理者和技术人员不断学习和掌握新技术。其次，数据安全和隐私保护问题日益突出，需要加强相关法律法规的制定和执行。最后，智慧城市的建设还需要跨部门的协同合作和资源整合，以打破信息孤岛和实现资源共享。

针对这些挑战，我们提出以下对策：一是加强人才培养和引进，培养一支既懂技术又懂管理的智慧城市建设队伍；二是加强数据安全和隐私保护，建立健全相关法律法规和技术标准；三是加强跨部门协同合作，建立有效的信息共享和资源整合机制；四是注重创新驱动和可持续发展，推动城市经济、社会、环境的协调发展。

智慧城市是信息化与城市化深度融合的产物，它通过信息技术的深度应用实现城市的智能化管理和服务。智慧城市的内涵包括信息技术的深度应用、城市管理的智能化、社会服务的便捷化、经济发展的创新驱动以及环境保护的可持续发展等方面。在智慧城市的建设过程中，我们需要正视相关挑战并采取有效对策，以推动智慧城市的健康发展。

展望未来，随着信息技术的不断进步和应用领域的不断拓展，智慧城市的发展前景将更加广阔。我们期待通过智慧城市的建设，实现城市的智能化、高效化和绿色化，为居民创造更加美好的生活环境。同时，我们也需要去不断探索和创新，为智慧城市的发展注入新的动力和活力。

综上所述，智慧城市作为当今城市发展的重要趋势，其定义与内涵具有丰富的内涵和广阔的发展前景。我们应深入理解智慧城市的内涵和要求，积极应对挑战并采取有效措施，以推动智慧城市的持续健康发展。

二、智慧城市的主要特征

随着信息化时代的快速发展，智慧城市作为城市现代化发展的重要方向，日益受到广泛关注。智慧城市以信息化、智能化为核心，通过应用新一代信息技术，实现城市资源的高效配置、城市管理的精细化和城市服务的便捷化。本文旨在探讨智慧城市的主要特征，以便能够更好地理解和推动智慧城市的建设与发展。

（一）信息化基础设施完善

智慧城市的首要特征是信息化基础设施的完善。这包括高速、宽带、泛在的信息网络，以及各类感知、传输、处理和应用信息的智能化设备与系统。这些基础设施为智慧城市提供了强大的信息支撑，使得城市各个领域的数据能够实时、准确地被采集、传输和处理，为城市管理和服务提供有力的数据支持。

（二）数据资源高度共享

在智慧城市中，数据资源的高度共享是另一个显著特征。通过建设统一的数据平台和标准，实现政府、企业、社会等各方数据的互联互通和共享利用。这不仅提高了数据的使用效率，也促进了城市各个领域的协同创新和跨界融合。通过数据挖掘和分析，可以更加精准地把握城市运行规律和发展趋势，为决策提供更加科学的依据。

（三）城市管理智能化

城市管理智能化是智慧城市的重要特征之一。借助物联网、云计算、大数据等技术手段，实现对城市基础设施、公共安全、环境保护等领域的智能监测、预警和管控。通过智能化管理，可以及时发现和处理各类问题，提高城市管理的效率和水平。同时，智能化管理也有助于提升城市的应急响应能力，保障城市的安全稳定。

（四）公共服务便捷化

在智慧城市中，公共服务便捷化是提升居民生活质量的关键所在。通过建设智慧教育、智慧医疗、智慧交通等系统，为居民提供更加便捷、高效的服务。例如，智慧教育系统可以实现教育资源的优化配置和共享，提高教育质量；智慧医疗系统可以实现医疗资源的互联互通和在线服务，方便居民就医；智慧交通系统可以实时监测交通状况，优化交通流线，缓解交通拥堵。这些智慧化服务不仅提高了服务效率，也增强了服务的个性化和精准性。

（五）经济发展创新化

智慧城市的建设也为经济发展带来了创新化的机遇。通过推动数字经济、智能制造等新兴产业的发展，促进传统产业转型升级，提高城市经济的竞争力和创新能力。同时，智慧城市的建设也吸引了大量的创新资源和人才聚集，为城市的经济发展注入了新的活力。这些创新化的经济发展模式不仅推动了城市经济的持续增长，也为居民提供了更多的就业机会和创业空间。

（六）社会治理精细化

社会治理精细化是智慧城市的又一重要特征。通过信息化手段，实现对社会问题的及时发现、精准处理和有效预防。通过建设智慧社区、智慧安防等系统，提高社区治理的效率和水平，增强居民的安全感和幸福感。同时，智慧城市的建设也促进了政府、企业和社会之间的协同共治，形成了更加高效、民主的社会治理体系。

（七）环境保护绿色化

环境保护绿色化是智慧城市不可忽视的特征之一。通过应用物联网、遥感等技术手段，实现对城市环境的实时监测和精准治理。通过推广清洁能源、节能减排等措施，降低城市的环境污染和减少资源消耗。同时，智慧城市也注重生态建设和绿色发展，推动城市与自然环境的和谐共生。这些环保措施不仅改善了城市的环境质量，也提升了城市的可持续发展水平。

（八）安全与隐私保护并重

在智慧城市建设过程中，安全与隐私保护是不可或缺的特征。随着信息技术的广泛应用，数据安全和个人隐私保护问题日益凸显。智慧城市通过加强数据安全管理、完善隐私保护政策和技术手段，确保居民的信息安全和隐私权益不受侵犯。同时，智慧城市也注重提高网络安全防护能力，防范各类网络攻击和安全风险。

综上所述，智慧城市的主要特征包括信息化基础设施完善、数据资源高度共享、城市管理智能化、公共服务便捷化、经济发展创新化、社会治理精细化、环境保护绿色化以及安全与隐私保护并重等方面。这些特征共同构成了智慧城市的独特优势和价值所在，为城市的现代化发展注入了新的动力和活力。

当然，智慧城市的建设是一个长期而复杂的过程，需要政府、企业和社会各方的共同努力和协作。未来，随着信息技术的不断发展和创新应用的不断涌现，智慧城市将展现出更加丰富的内涵和更加广阔的发展前景。我们期待通过智慧城市的建设，去推动城市的可持续发展和居民生活质量的持续提升。

三、智慧城市的发展现状与趋势

随着信息技术的迅猛发展和城市化进程的加快，智慧城市已成为推动城市可持续发展的重要力量。本文旨在分析智慧城市的发展现状，并探讨其未来的发展趋势，以期为智慧城市的建设提供有效的参考。

（一）智慧城市的发展现状

1. 政策推动与投入增加

近年来，各国政府纷纷出台政策支持智慧城市建设，并投入大量资金推动相关项目的发展。例如，我国就提出了新型智慧城市建设的指导意见，明确了智慧城市发展的目标、任务和路径。同时，各级地方政府也结合本地实际，制定了相应的政策措施和实施方案，为智慧城市的建设提供了有力的政策保障。

2. 技术创新与应用深化

智慧城市的发展离不开技术创新与应用。目前，物联网、云计算、大数据、人工智能等新一代信息技术在智慧城市建设中得到了广泛应用。这些技术的应用不仅提高了城市管理的效率和水平，也提升了城市服务的品质和便捷性。例如，通过物联网技术实现城市基础设施的智能化监测和管理，通过云计算和大数据技术实现城市数据的集中存储和分析，通过人工智能技术实现城市服务的个性化和智能化等。

3. 示范项目与成功案例不断涌现

在全球范围内，智慧城市的建设已取得了显著的成效。许多城市通过建设智慧交通、智慧医疗、智慧教育等示范项目，探索出了一条符合本地实际的智慧城市建设路径。这些成功案例不仅为其他城市提供了有益的借鉴和参考，也进一步推动了全球智慧城市的发展。

（二）智慧城市的发展趋势

1. 技术创新将驱动智慧城市建设进入新阶段

随着5G、物联网、人工智能等技术的快速发展，智慧城市的建设将进入一个全新的阶段。这些新技术将为智慧城市提供更加高效、智能的解决方案，推动城市管理的精细化和城市服务的便捷化。同时，新技术的发展也将为智慧城市带来更多的创新应用和商业模式，进一步推动智慧城市的可持续发展。

2. 数据资源将成为智慧城市的核心竞争力

在智慧城市建设中，数据资源的重要性日益凸显。通过数据挖掘和分析，可以更加精准地把握城市运行规律和发展趋势，为决策提供更加科学的依据。因此，未来智慧城市将更加注重数据资源的收集、整合和利用，通过建设统一的数据平台和标准，实现数据的互联互通和共享利用，提升城市的智能化水平。

3. 跨界融合将成为智慧城市发展的重要趋势

智慧城市的建设涉及多个领域和部门，需要政府、企业、社会等多方协同合作。未来，随着技术的发展和应用场景的拓展，智慧城市将更加注重跨界融合和创新发展。通过打破行业壁垒和信息孤岛，实现资源的优化配置和共享利用，推动城市各个领域的协同创新和发展。

4. 绿色低碳将成为智慧城市发展的重要方向

随着全球气候变化和环境问题的日益严重，绿色低碳已成为城市发展的重要方向。未来智慧城市将更加注重环保和可持续发展，通过推广清洁能源、节能减排等措施，降低城市的环境污染和资源消耗。同时，智慧城市也将借助技术手段来提升城市的生态环境质量和居民的生活质量。

5. 智慧城市的国际合作与交流将进一步加强

智慧城市作为全球性的发展趋势，各国之间的合作与交流将进一步加强。通过分享经验、交流技术和探讨合作模式等方式，共同推动全球智慧城市的发展。同时，国际合作也将有助于解决智慧城市建设中遇到的共性问题和挑战，推动智慧城市建设的标准化和规范化。

智慧城市的发展现状与趋势表明，智慧城市建设正成为全球城市发展的重要方向。随着技术的不断创新和应用场景的拓展，智慧城市将在未来发挥更加重要的作用。然而，智慧城市建设也面临着诸多挑战和问题，如技术安全、数据隐私、资金投入等。因此，我们需要去不断探索和创新，加强国际合作与交流，共同推动智慧城市的健康发展。

展望未来，我们期待看到更多的技术创新和应用突破为智慧城市建设带来新的动力。同时，我们也希望看到更多的城市能够结合自身实际，制定出符合本地特色的智慧城市建设方案，推动城市的可持续发展和居民生活质量的提升。最终，我们相信智慧城市将成为构建人类命运共同体的重要载体，为全球城市的发展和进步贡献自身力量。

第二节　人工智能在交通规划中的应用

一、交通流量预测与优化

随着城市化进程的加速和人们生活水平的提高，交通问题日益凸显。交通流量的预测与优化对于缓解交通拥堵、提高道路使用效率具有重要意义。本文将对交通流量预测与优化的方法、现状以及未来发展趋势进行探讨，以期为交通管理与规划提供有益的参考。

（一）交通流量预测的方法与现状

交通流量预测是交通管理与规划的基础工作之一，其准确性直接关系到交通管理与规划的效果。目前，交通流量预测主要采用以下几种方法。

1. 历史数据统计分析法

历史数据统计分析法是基于历史交通流量数据进行统计分析，找出交通流量的变化规律，进而对未来交通流量进行科学预测。这种方法简单易行，但需要大量的历史数据支持，且对于突发事件和非常规交通流量变化的预测能力有限。

2. 数学模型预测法

数学模型预测法是通过建立数学模型来描述交通流量的变化规律，利用数学方法进行预测。常用的数学模型包括线性回归模型、时间序列模型、神经网络模型等。这些模型能够较为准确地预测交通流量的变化趋势，但模型的建立和参数调整需要较高的专业知识和技能。

3. 仿真模拟法

仿真模拟法是通过建立交通系统仿真模型，模拟交通流量的变化过程，从而预测未来交通流量的变化情况。这种方法能够考虑多种因素的影响，如道路条件、交通信号控制、车辆类型等，预测结果相对较为准确。但仿真模型的建立和运行则需要大量的计算资源和时间。

目前，交通流量预测的研究和应用已经取得了一定的成果。然而，由于交通流量的复杂性和不确定性，现有的预测方法仍存在一定的局限性和不足。因此，需要不断探索和创新，以提高交通流量预测的准确性和可靠性。

（二）交通流量优化的方法与现状

交通流量优化是通过对交通系统进行合理规划和有效管理，提高道路使用效率、减少交通拥堵和降低交通排放的过程。以下是一些常见的交通流量优化方法。

1. 交通信号控制优化

交通信号控制是交通流量优化的重要手段之一。通过合理设置交通信号灯的配时方案，可以有效调节交通流量，减少交通拥堵。现代交通信号控制系统还结合了智能交通技术，如自适应控制、协同控制等，进一步提高了交通信号的效率和准确性。

2. 道路交通组织优化

道路交通组织优化包括车道划分、交通标志标线设置、停车管理等方面的优化措施。通过合理组织道路交通，可以提高道路通行能力，减少交通冲突和事故发生的可能性。

3. 公共交通优先策略

公共交通是缓解城市交通拥堵的有效手段。通过实施公共交通优先策略，如设置公交专用道、优化公交线网布局、提高公交服务质量等，可以吸引更多市民选择公共交通工具出行，减少私家车的使用，从而在一定程度上缓解交通压力。

目前，交通流量优化的研究和实践在全球范围内广泛开展。许多城市通过实施智能交通系统、建设绿色交通设施、推广公共交通等措施，取得了显著的交通流量优化效果。然而，交通流量优化仍面临着诸多挑战，如交通需求的快速增长、道路资源的有限性等。因此，需要不断探索和创新，寻求更加有效的交通流量优化方法。

（三）未来发展趋势

随着大数据、人工智能等技术的快速发展，交通流量预测与优化将迎来更加广阔的发展空间。未来，交通流量预测与优化将呈现以下发展趋势。

1. 数据驱动的预测与优化

大数据技术的发展为交通流量预测与优化提供了丰富的数据资源。通过收集和分析交通流量、道路状况、车辆运行等多源数据，可以更加准确地预测交通流量的变化趋势，为交通管理与规划提供有力支持。同时，基于大数据的交通流量优化方法也将更加精准和高效。

2. 智能化的预测与优化系统

人工智能技术的应用将推动交通流量预测与优化系统的智能化发展。通过机器学习、深度学习等技术，可以构建更加智能的预测模型和优化算法，提高预测和优化的准确性和效率。智能化的预测与优化系统还能够实现自适应调整和实时优化，更好地应对交通流量的变化和不确定性。

3. 综合性的交通管理与规划

未来的交通流量预测与优化将更加注重综合性的交通管理与规划。通过整合交通流量预测、交通信号控制、道路交通组织、公共交通优化等多种手段，形成综合性的交通管理与规划方案，实现交通系统的整体优化和协调发展。

交通流量预测与优化是交通管理与规划的重要组成部分，对于缓解交通拥堵、提高道路使用效率具有重要意义。随着大数据、人工智能等技术的不断发展，交通流量预测与优化将迎来更加广阔的发展前景。未来，我们还需要继续加强交通流量预测与优化技术的研究和应用，推动交通系统的智能化和综合性发展，为城市的可持续发展贡献力量。

二、智能交通信号控制

随着城市化进程的加快，交通问题日益凸显，特别是在城市交通中，交通拥堵和交通事故频发，给人们的出行带来了诸多不便。为了解决这些问题，智能交通信号控制作为一种先进的交通管理技术，受到了广泛关注。本文将对智能交通信号控制的原理、应用、现状以及未来发展趋势进行详细探讨。

（一）智能交通信号控制的原理

智能交通信号控制是通过运用现代信息技术和通信技术，对交通信号进行智能化控制和管理，以实现交通流的高效运行和交通安全的提升。其基本原理包括以下几个方面。

1. 数据采集与处理

智能交通信号控制系统通过安装在道路各个节点的传感器和摄像头等设备，实时采集交通流量、车速、车辆类型等数据。这些数据经过处理后，可以为信号控制提供相关决策依据。

2. 信号配时优化

根据实时采集的交通数据，智能交通信号控制系统可以自动调整信号灯的配时方案，以适应交通流量的变化。通过优化信号配时，可以减少车辆等待时间，提高道路通行能力。

3. 交通流协调控制

智能交通信号控制系统可以实现多个交叉口之间的协调控制，使交通流在交叉口之间顺畅衔接，减少拥堵现象的发生。同时，系统还可以根据交通流的变化情况，自动调整控制策略，以适应不同的交通需求。

（二）智能交通信号控制的应用

智能交通信号控制在城市交通管理中具有广泛的应用价值。以下是一些典型的应用场景。

1. 城市主干道交通信号控制

在城市主干道上，智能交通信号控制系统可以根据实时交通数据，自动调整信号

智能交通信号控制作为现代城市交通管理的重要手段，具有广阔的应用前景和巨大的发展潜力。通过不断的技术创新和应用实践，我们可以期待智能交通信号控制在缓解交通拥堵、提高道路使用效率、保障交通安全等方面发挥更加重要的作用。同时，我们也需要关注并解决实际应用中存在的问题和挑战，推动智能交通信号控制技术的持续发展和完善。

三、自动驾驶与智能交通系统

随着科技的飞速发展，自动驾驶与智能交通系统正逐渐成为城市交通领域的研究热点和应用焦点。这两者的融合不仅能够大幅改善交通状况，提升道路通行效率，而且能提高交通安全性，减少交通事故的发生。本文将从自动驾驶与智能交通系统的概念、发展现状、面临的挑战以及未来发展趋势等方面进行深入探讨。

（一）自动驾驶与智能交通系统的概念

自动驾驶，又称无人驾驶，是指车辆通过先进的传感器、控制系统和执行机构等，实现无须人类操作便能自主行驶的技术。它依赖于高精度地图、雷达、摄像头等多种传感器设备，以及强大的计算能力和先进的算法，来感知环境、规划路径、控制车辆。

智能交通系统则是一个更加宽泛的概念，它涵盖了交通管理的各个方面，包括交通信号控制、车辆调度、交通信息服务等。通过运用先进的信息技术、通信技术和控制技术，智能交通系统能够实现交通流的优化管理，提高道路使用效率，降低交通拥堵和污染。

（二）自动驾驶与智能交通系统的发展现状

近年来，自动驾驶与智能交通系统的发展取得了显著进展。一方面，各大汽车厂商和科技公司纷纷加大研发投入，推动自动驾驶技术的不断突破。许多车企已经推出了具备高级别自动驾驶功能的车型，并在特定场景下进行测试和应用。另一方面，政府也在积极推动智能交通系统的建设，通过建设智能交通基础设施、推广交通信息服务等方式，提升城市交通管理水平。

同时，自动驾驶与智能交通系统的融合也在加速进行。通过整合两者的优势，便可以实现更加智能、高效的交通管理。例如，自动驾驶车辆可以通过与智能交通系统的通信，获取实时交通信息，从而调整行驶策略，避免交通拥堵；智能交通系统也可以通过分析自动驾驶车辆的行驶数据，优化交通流的组织和调度。

（三）自动驾驶与智能交通系统面临的挑战

尽管自动驾驶与智能交通系统的发展势头强劲，但仍面临着诸多挑战。首先，技术难题是制约其发展的关键因素之一。自动驾驶技术需要解决复杂的环境感知、决策规划、控制执行等问题；智能交通系统则需要实现多源数据的融合处理、大规模网络的协同控制等任务。这些技术难题需要持续的研究和创新才能逐步攻克下来。

其次，法律法规和政策环境也是制约自动驾驶与智能交通系统发展的重要因素。目前，各国对于自动驾驶车辆的测试和上路运行都有严格的法规限制和审批流程；同时，智能交通系统的建设也需要政府的大力支持和政策引导。因此，需要不断完善相关法律法规和政策环境，为自动驾驶与智能交通系统的发展提供有力保障。

最后，公众对于自动驾驶与智能交通系统的接受度也是一个不可忽视的问题。由于自动驾驶技术尚未完全成熟，公众对其安全性和可靠性存在一定的疑虑；同时，智能交通系统的建设和应用也需要公众的积极参与和支持。因此，需要通过科普宣传、示范应用等方式，提高公众对自动驾驶与智能交通系统的认知度和接受度。

（四）自动驾驶与智能交通系统的未来发展趋势

展望未来，自动驾驶与智能交通系统的发展将呈现以下几个趋势。

首先，技术将进一步成熟和普及。随着人工智能、大数据等技术的不断发展，自动驾驶与智能交通系统的性能将不断提升，成本将逐渐降低，使得更多车辆和道路能够应用这些先进技术。

其次，跨界融合将成为常态。自动驾驶与智能交通系统的发展将涉及汽车、交通、通信等多个领域，需要各方共同协作和跨界融合。未来，我们将会看到更多汽车厂商、科技公司、通信运营商等跨界合作，共同推动自动驾驶与智能交通系统的发展。

最后，智能化和绿色化将成为重要发展方向。自动驾驶与智能交通系统不仅能够提高交通效率和安全性，还能够促进交通行业的绿色可持续发展。未来，我们将看到更多智能化和绿色化的交通解决方案出现，为城市交通发展注入新的活力。

自动驾驶与智能交通系统作为未来城市交通发展的重要方向，具有巨大的潜力和广阔的应用前景。虽然目前仍面临着诸多挑战和困难，但随着技术的不断进步和政策的不断完善，我们有理由相信自动驾驶与智能交通系统将在未来发挥更加重要的作用，为城市交通带来革命性的变革。同时，我们也应该积极关注并解决其发展过程中出现的问题和挑战，推动自动驾驶与智能交通系统的健康、可持续发展。

此外，我们还应关注互联网＋交通在数据安全、隐私保护等方面的问题，加强相关技术的研发和应用，确保公众的信息安全和隐私权益得到保障。

总之，互联网＋交通作为一种新型的发展模式，具有巨大的潜力和广阔的应用前景。我们应积极把握机遇，推动其健康、可持续发展，为构建更加智能、便捷、绿色的交通出行环境贡献力量。

二、互联网在交通信息服务中的应用

（一）概述

随着互联网技术的迅猛发展和普及，其在交通信息服务领域的应用也日益广泛。互联网不仅为交通信息的获取、处理和传递提供了高效、便捷的手段，还为交通管理和公众出行提供了智能化的解决方案。本文将对互联网在交通信息服务中的应用进行深入探讨，分析其优势、挑战及未来发展趋势。

（二）互联网在交通信息服务中的应用优势

实时性：互联网能够实时获取和更新交通信息，其中包括路况、事故、天气等，使公众能够及时了解交通状况，做出合理的出行决策。

全面性：通过互联网，可以整合各类交通信息资源，形成全面、系统的交通信息体系，满足公众多样化的出行需求。

互动性：互联网具有强大的互动功能，可以实现交通管理部门与公众之间的实时沟通，提高交通管理的透明度和效率。

个性化：基于互联网的大数据分析技术，可以为公众提供个性化的交通信息服务，如定制化的出行路线、交通费用预测等。

（三）互联网在交通信息服务中的具体应用

1. 交通信息查询与发布

通过互联网平台，公众可以方便地查询各类交通信息，如公交线路、地铁时刻表、实时路况等。同时，交通管理部门也可以通过互联网平台发布交通管制、事故处理等信息，然后及时告知公众相关情况。

2. 智能导航与定位

互联网技术的智能导航系统可以根据实时交通信息为公众提供最优的出行路线规划。同时，定位技术也可以帮助公众准确找到目的地，提高出行效率。

3. 交通拥堵预警与疏导

通过互联网平台，交通管理部门可以实时监测道路拥堵情况，并通过发布预警信息、调整交通信号配时等手段进行疏导，缓解交通压力。

4. 交通费用支付与管理

互联网技术的发展使得交通费用的支付与管理更加便捷。公众可以通过手机 APP、电子支付等方式完成交通费用的支付，同时也可以通过互联网平台查询和管理自己的交通费用记录。

（四）互联网在交通信息服务中面临的挑战

1. 数据安全与隐私保护

随着互联网在交通信息服务中的应用越来越广泛，数据安全和隐私保护问题也日益凸显。如何确保交通信息的安全性和隐私性，防止数据泄露和滥用，是互联网在交通信息服务中面临的重要挑战。

2. 信息准确性与可靠性

交通信息的准确性和可靠性对于公众出行至关重要。然而，由于数据来源的多样性和复杂性，互联网上的交通信息可能存在误差和不准确的情况。因此，如何提高交通信息的准确性和可靠性，是互联网在交通信息服务中需要解决的问题。

3. 技术更新与维护

互联网技术不断更新换代，对于交通信息服务系统的技术更新和维护也提出了更高的要求。如何保持系统的稳定性和高效性，及时应对技术挑战，是互联网在交通信息服务中需要关注的问题。

（五）互联网在交通信息服务中的未来发展趋势

1. 智能化与自动化

随着人工智能、大数据等技术的不断发展，互联网在交通信息服务中的应用将更加智能化和自动化。未来，我们将看到更多基于互联网技术的智能交通系统出现，为公众提供更加便捷、高效的出行服务。

2. 跨界融合与创新

互联网在交通信息服务中的应用将促进不同领域的跨界融合和创新。未来，我们将会看到更多交通、通信、能源等领域的跨界合作，共同推动交通信息服务的发展。

3. 绿色出行与可持续发展

在环保和可持续发展的背景下，互联网在交通信息服务中的应用将更加注重绿色出行和低碳交通的发展。通过推广新能源汽车、优化出行路线等方式，减少交通对环境的污染和破坏。

互联网在交通信息服务中的应用为公众出行提供了极大的便利和效率提升。通过实时查询、智能导航、拥堵预警等功能，公众可以更加轻松地规划和管理自己的出行。同时，交通管理部门也可以借助互联网平台提高管理效率和服务质量。然而，我们也

形成产业协同发展的新格局。

互联网在交通管理与控制中发挥着举足轻重的作用，其应用不仅提高了交通管理的效率和准确性，还优化了交通资源的配置，提升了交通安全水平。然而，我们也应看到互联网在交通管理与控制中面临的挑战和问题，如数据安全、技术更新等。因此，我们需要加强技术研发和管理创新，不断完善互联网在交通管理与控制中的应用体系。

展望未来，随着技术的不断进步和应用场景的不断拓展，互联网在交通管理与控制中的作用日益凸显。我们期待看到一个更加智能、高效、安全的交通管理与控制体系，为人们的出行提供更加便捷、舒适的服务。

第四节　智慧出行与城市管理

一、智慧出行平台的构建与运营

（一）概述

随着信息技术的快速发展，智慧出行平台作为智能交通系统的重要组成部分，已经成为现代城市交通管理的新趋势。智慧出行平台通过整合各类交通信息资源，为公众提供高效、便捷、安全的出行服务，对于缓解城市交通拥堵、提高出行效率、优化出行体验均具有重要意义。本文将从智慧出行平台的构建与运营两个方面进行深入探讨。

（二）智慧出行平台的构建

1. 平台架构设计

智慧出行平台的架构设计应充分考虑系统的稳定性、可扩展性和安全性。一般来说，平台架构可以分为数据采集层、数据处理层、应用服务层和用户接口层四个部分。数据采集层负责收集各类交通信息，包括车辆位置、交通流量、路况等；数据处理层对采集到的数据进行清洗、分析和挖掘，提取有价值的信息；应用服务层根据用户需求，提供各类出行服务，如导航、路径规划、停车查询等；用户接口层则负责与用户进行交互，展示服务内容和接收用户反馈。

2. 数据资源整合

智慧出行平台的核心在于数据资源的整合。平台需要集成各类交通数据，包括公共交通、出租车、私家车、共享单车等多元交通方式的信息。此外，还需要整合地理信息、气象信息、政策法规等相关数据，以便为用户提供更加全面、准确的出行服务。

3. 技术选型与集成

在构建智慧出行平台时，需要根据实际需求选择合适的技术方案。例如，采用大数据技术进行数据处理和分析，使用云计算技术提供弹性可扩展的服务能力，利用物联网技术实现车辆和基础设施的互联互通等。同时，还需要确保不同技术之间的兼容性和集成性，以确保平台的稳定运行。

（三）智慧出行平台的运营

1. 服务推广与市场营销

智慧出行平台的运营首先需要关注服务推广和市场营销。通过线上线下相结合的方式，宣传平台的优势和特点，吸引用户关注和使用。其次，平台还可以开展优惠活动、合作推广等方式，扩大平台的影响力，提高用户黏性。

2. 用户体验优化

用户体验是智慧出行平台运营的关键因素。平台需要不断优化用户界面、提升服务响应速度、完善服务功能等方面，以提供更加便捷、高效、个性化的出行服务。此外，还需要建立用户反馈机制，及时收集和处理用户意见和建议，不断改进平台服务质量和用户体验。

3. 数据安全与隐私保护

在智慧出行平台的运营过程中，数据安全与隐私保护至关重要。平台需要建立完善的数据安全管理制度和技术防护措施，确保用户数据的安全性和隐私性。同时，还需要加强对用户数据的合法使用和管理，防止数据泄露和滥用。

4. 合作伙伴关系建设

智慧出行平台的运营需要与政府、企业、社会组织等多方合作，共同推动平台的发展和完善。通过与政府部门的合作，平台可以获得政策支持和数据共享；与企业的合作可以引入更多的服务和资源；与社会组织的合作可以推动公益活动和社会责任的履行。通过建立良好的合作伙伴关系，可以为智慧出行平台的发展提供有力支持。

（四）智慧出行平台的发展趋势与挑战

1. 发展趋势

随着技术的不断进步和应用场景的不断拓展，智慧出行平台将呈现出以下发展趋势：一是服务范围将进一步扩大，涵盖更多交通方式和出行场景；二是智能化水平将不断提高，通过人工智能、机器学习等技术实现更加精准的服务推荐和预测；三是跨界融合将成为新的增长点，通过与其他领域的合作创新，推动智慧出行平台的多元化发展。

三、智慧交通在城市管理中的作用与价值

（一）概述

随着城市化进程的加速和信息技术的飞速发展，智慧交通已成为现代城市管理的重要组成部分。智慧交通通过集成先进的信息通信技术，实现对交通系统的智能化管理和优化，对于提升城市交通效率、缓解交通拥堵、提高交通安全水平等方面均具有重要意义。本文将从智慧交通的概念、核心技术、在城市管理中的作用及价值等方面展开论述。

（二）智慧交通的概念与核心技术

智慧交通是指运用物联网、大数据、云计算、人工智能等现代信息技术，实现对交通系统的全面感知、深度融合和协同高效，从而提升交通运行效率和管理水平的新型交通模式。其核心技术包括以下几种。

物联网技术：通过各类传感器和通信设备，实现对交通基础设施、车辆、行人等交通要素的实时感知和数据采集。

大数据技术：对海量交通数据进行收集、存储、分析和挖掘，提取有价值的信息，为交通管理决策提供科学依据。

云计算技术：提供弹性的计算能力和存储资源，支持交通数据的处理和分析，实现交通信息的共享和协同。

人工智能技术：通过机器学习、深度学习等方法，实现对交通流量的预测、交通信号的优化、自动驾驶等功能。

（三）智慧交通在城市管理中的作用

1.提升交通效率

智慧交通通过实时监测交通流量、路况等信息，便能够精准地预测交通拥堵情况，从而制定合理的交通疏导方案。同时，智慧交通系统还可以对交通信号进行智能控制，优化交通信号灯的配时，减少车辆等待时间，提高道路通行效率。此外，智慧交通还可以通过诱导系统，引导驾驶员选择最佳路线，避免拥堵路段，进一步提升交通效率。

2.缓解交通拥堵

交通拥堵是现代城市面临的一大难题，而智慧交通则是缓解交通拥堵的有效手段。通过实时监测和数据分析，智慧交通系统还可以及时发现拥堵点，并采取相应措施进行疏导。例如，通过调整交通信号灯的配时、增设临时交通标志等方式，引导车辆分流，减轻拥堵压力。此外，智慧交通还可以通过共享出行、错峰出行等方式，减少私家车出行量，进一步缓解交通拥堵。

3. 提高交通安全水平

智慧交通在提高交通安全方面也发挥着重要作用。通过实时监测交通违法行为、车辆故障等情况，智慧交通系统可以及时发出预警信息，提醒驾驶员注意安全。同时，智慧交通还可以对交通事故进行快速响应和处理，减少事故损失。此外，智慧交通还可以通过数据分析，发现交通事故的易发路段和时段，并以此制定针对性的安全措施，提高交通安全水平。

（四）智慧交通在城市管理中的价值

1. 促进城市可持续发展

智慧交通通过优化交通资源配置、提高交通效率、降低能耗和排放等方式，有助于推动城市的可持续发展。通过智慧交通的建设和运营，城市可以更有效地利用交通基础设施，减少资源浪费。同时，智慧交通还能降低交通拥堵和排放对环境的影响，并提升城市生态环境质量。

2. 提升城市管理效率

智慧交通将现代信息技术应用于城市管理领域，实现了对交通系统的智能化管理。通过实时监测、数据分析等手段，智慧交通能够为城市管理者提供全面、准确的交通信息，帮助他们做出科学、合理的决策。同时，智慧交通还可以提高城市管理的精细化水平，实现对交通系统的精准调控和优化。

3. 改善市民出行体验

智慧交通的建设和运营有助于改善市民的出行体验。通过提供实时交通信息、优化交通信号配时、推广共享出行等方式，智慧交通能够减少市民的出行时间和成本，提高出行效率。同时，智慧交通还能提升交通服务的便捷性和舒适性，让市民享受到更加优质的出行服务。

综上所述，智慧交通在城市管理中发挥着举足轻重的作用，具有巨大的价值。通过提升交通效率、缓解交通拥堵、提高交通安全水平等方式，智慧交通为城市的可持续发展提供了有力支持。同时，智慧交通还能够促进城市管理效率的提升和市民出行体验的改善，为城市的现代化进程注入了新的活力。未来，随着技术的不断进步和应用场景的不断拓展，智慧交通将在城市管理中发挥更加重要的作用，为城市的繁荣和发展做出更大的贡献。